科学史上的今天

秋季篇

胡星　马自翯　编著

浙江教育出版社 · 杭州

图书在版编目（CIP）数据

科学史上的今天. 秋季篇 / 胡星，马自骉编著. --
杭州：浙江教育出版社，2020.10
ISBN 978-7-5722-0825-6

Ⅰ. ①科… Ⅱ. ①胡… ②马… Ⅲ. ①自然科学史—
普及读物 Ⅳ. ①N49

中国版本图书馆CIP数据核字(2020)第188868号

责任编辑	卢 宁	责任校对	谢 瑶
文字编辑	严嘉玮	美术编辑	韩 波
责任印务	吴梦菁	封面设计	起轩广告

科学史上的今天　秋季篇

KEXUE SHI SHANG DE JINTIAN　QIUJI PIAN

胡　星　马自骉　编著

出版发行　浙江教育出版社
　　　　　（杭州市天目山路40号　电话：0571-85170300-80928）
图文制作　杭州兴邦电子印务有限公司
印刷装订　浙江新华印刷技术有限公司
开　　本　710mm×1000mm　1/16
印　　张　6.25
字　　数　125 000
版　　次　2020年10月第1版
印　　次　2020年10月第1次印刷
标准书号　ISBN 978-7-5722-0825-6
定　　价　25.00元

嗨，你一定在科幻电影里看到过稀奇古怪的仪器和设备。但你知道吗？真正的科学可比这些丰富多了，它远不仅是奇妙的电学表演、复杂的生物解剖，或是神奇的星空观测。科学是一种思维方法，一种不断变化的对世界的看法。科学家设计了一系列有助于发现自己错误的方法和规则，通过其不停探索世界内在的机制。

你是不是很疑惑？不妨看一看下图中的红线和绿线，哪条线更长呢？

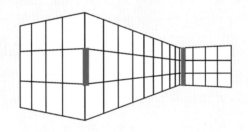

答案是两条线一样长，这是不是有些出乎意料？你看，观察后直接下结论很容易出错吧。如果你拿出刻度尺，测量两条线的长度，而不是直接下结论，那么，你已经在像科学家一样思考了！你正在检验你的观察是否正确，用的是强有力的科学方法——测量！

当然，测量不是唯一的科学方法，早在1600年，就有科学家将实验引入科学。时至今日，科学家在研究问题时都会使用合理的科学方法，遵循严谨的研究步骤，将科学结论建立在对研究对象进行观察、实验和数据分析等过程的基础上。

那么，想知道科学是怎么发展成今天这样的吗？想知道科学家是怎样一步步探索世界的吗？想知道人们对世界的认识有哪些版本吗？在本书中，你也许会找到问题的答案。

本书以时间为引，撷取科学史上366天发生的科学故事，分春、夏、秋、冬四册，涵盖物质科学、生命科学、地球与宇宙科学、技术与工程等领域。当然，怎么缺得了数学！数学是科学的皇后，科学家利用数学工具描述物理定律、天文现象等。所以，本书同样加入了推进科学史发展的精彩数学故事。

为了让你"亲身体验"科学故事发生的现场，书中设置了很多有趣的小栏目。通过"科学家日记""科学家书信"等，追踪科学家思考的过程，看他们如何运用科学方法认识这个世界；通过"科学小百科""真相大揭秘"等，讲述故事背后蕴含的科学知识；通过"延伸阅读"，将散落在科学史长河中的故事串起来，试图展示科学是怎样一步步发展的。

在本书中，你会看到科学家也会犯错误，他们会争吵不休，也会患难与共；他们可能会被万众景仰，也可能会被送上断头台。他们受惠于前人，他们服务于后代。他们是和我们一样的人，有高有矮，有胖有瘦，会因成功而兴奋，亦会因失败而沮丧。但他们不遗余力寻找着正确的答案——运用科学的方法，所以，他们被称为科学家。

通过这些精彩的故事，希望你能体会到科学和科学家的魅力，了解科学思想和方法；希望他们的发现，可以引导你发现科学，让你对事物充满好奇；更希望你在生活中，也能拿起"科学方法"这一武器，敢于质疑、勇于求异。

下面，跟随科学家，一起去畅游历史吧！

如果书中有让你感到疑惑的地方，希望你能积极探索，当然——是用科学的方法！

目 录

太阳一日游

你知道吗？拜访太阳可不像拜访万里长城那么简单，在地球上我们可以自由呼吸，但在太阳上可完全不是这样！

太阳是个炽热的大火球，你不能在上面悠闲地散步，更不能随便找家奶茶店打卡。你可能根本找不到合适的地方歇脚！

警告：永远不要直接用肉眼观察太阳！传说，伽利略的眼睛就是这样失明的。你需要佩戴特殊的眼镜才能观察太阳！

不过，关于太阳，有两个奇观你一定不能错过：

太阳黑子

太阳表面因温度相对较低而显得"黑"的区域。黑子的温度约比太阳的表面平均温度低1500摄氏度，但仍然烫得要命！

太阳耀斑

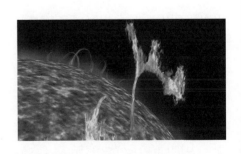

在太阳表面突发的闪光现象。太阳耀斑温度非常高。这时，航天员一定不能进行太空行走以免灼伤！耀斑喷射出的粒子有些甚至可以到达地球，影响地球上的基本电气设备。

1859年9月1日上午，英国天文学家卡林顿观测太阳黑子时发现，日面北侧一个黑子群附近突然出现了两道极其明亮的白光，其亮度迅速增加，超过了其"背景板"——太阳光球的亮度。明亮的白光仅维持了几分钟，很快消失了。同一天，英国天文学家霍奇森也观察到了这次突发现象。这是人类对太阳耀斑的第一次记录。

延伸阅读
4月25日 捕获太阳能

元素抢位子

19世纪末，随着越来越多的放射性"新"元素被发现，元素周期表越来越满，似乎已经没有足够的空位再接纳"新"元素了。

汤姆孙的日记

1910年

我有了新的发现：带电气体原子（也就是离子）受电场或磁场影响发生偏转时，根据它们轨迹的不同，能够对它们的质量进行测定！但当我测定惰性气体（现称"稀有气体"）氖的原子量（现称"相对原子质量"）时，出现了问题：照以往的方式计算，其原子量为20.2，但这张底片上有两条黑线，其中第一条表明原子量是20，第二条表明原子量是22。

是计算失误吗？我换了一种方式，结果还是一样。以往人们认为同一个元素的所有原子是完全相同的，现在看来并不是这样：氖元素是由多种原子构成的！

出生于1877年9月2日的英国科学家索迪根据汤姆孙的实验，提出以下假设：存在相对原子质量和放射性不同，但化学性质几乎完全相同的化学元素的变种，这些变种应该处于元素周期表中的同一个位置。因此索迪把它们命名为同位素——即同一个位置的元素，它们的质子数相同，但中子数不同。

同位素的发现，将元素周期表的范围扩大了很多，被认为是20世纪自然科学的重要成果之一，索迪也因此荣获1921年的诺贝尔化学奖。

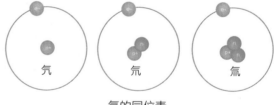

氢的同位素

科学小百科

英国物理学家阿斯顿设计了一台质谱仪，用来研究同位素。他鉴定出超过202种天然同位素，证明即使是稳定的元素，也普遍存在同位素，颠覆了当时科学家的认知。他被世人称为"同位素猎手"，荣获1922年的诺贝尔化学奖。

延伸阅读
5月30日　碳-14测年法

炸药之父

19世纪，欧洲各国都在大力发展工业，人们开山修路、开凿隧道、挖山采矿……这些大工程都要用到炸药。不过，当时的炸药却不能满足这种需要，要么威力太小，达不到预想的效果；要么威力太大，极难控制。

于是，瑞典化学家、实业家诺贝尔决定发明一种威力大且安全的新型炸药，他进行了一次又一次的实验。可是，炸药实验很危险，就在这一天，不幸发生了。

诺贝尔的日记

1864年9月3日

今天真是悲伤的一天！

我去了城里，留下弟弟继续做实验。不幸发生了，实验室发生了爆炸，整座建筑瞬间变为一片火海。弟弟就这样离开了我们。

我难过极了，但我一定要挺住。我下定决心，一定要驯服"炸药"这匹野马，造出一种威力巨大而且可以由人控制的安全炸药，不能让弟弟白白牺牲！

不过，周围的邻居害怕再次发生爆炸，他们不让我在那里继续做实验了，看来我只能搬到船上去了！

1867年秋天，梅拉伦湖上的一艘船里发生了爆炸，随着一声巨响，船身剧烈晃动，门窗冒出了浓烟。那儿正是诺贝尔新的实验基地！

"诺贝尔完了！诺贝尔完了！"人们惊慌地叫起来，朝船的方向跑去。

突然，浓烟里跌跌撞撞冲出来一个满脸是血、面孔乌黑的人，他兴奋地喊道："成功了！成功了！"诺贝尔终于研制出了安全炸药！

随着诺贝尔安全炸药的发明，炸药工业发展突飞猛进，在各领域的应用也越来越广。诺贝尔也被誉为"炸药工业之父"。

延伸阅读
11月27日　诺贝尔的遗嘱

科学救星

重金悬赏

1952年，纽约

脊髓灰质炎四处蔓延，情况要失控了！据说，是猫在传播这种可怕的疾病。现在，走出家门，把你看到的猫脑袋都割下来吧！

凭一颗猫脑袋，可以领取××美元，上不封顶。

于是，美国的男孩们对猫展开了大围捕，一个月就猎杀了7万只猫，遗憾的是，疾病丝毫没有得到遏制。之后，又有许多人声称找到了致病"元凶"，这些"元凶"千奇百怪，无奇不有：冰激凌、玉米片、苍蝇、臭虫、灰尘、地铁、火山、太阳辐射……

这种可怕的传染病俗称小儿麻痹症，曾是人类面临的最大威胁之一，它夺去了许多儿童的生命。患病的儿童就算保住性命，也会留下残疾，终生和轮椅、拐杖为伴。美国总统罗斯福，是历史上最著名的一位脊髓灰质炎病人。他39岁时染上该病，导致下肢终生瘫痪。

在这个危急关头，被后人称为"科学救星"的人出现了，他就是波兰医生索尔克。索尔克开创了新的方法，将已被灭活的脊髓灰质炎病毒输入人体，促使人体免疫系统识别这些病原体，在其入侵时产生抗体。

1952年9月4日，索尔克的疫苗人体试验成功。从那时开始，人们再也不害怕脊髓灰质炎了！

科学家速写

索尔克放弃了申请疫苗专利，这意味着他放弃了赚大钱的机会。他认为，造福人类高于一切。当有人问起专利的事时，他只回答了一句话："你听说过有为太阳申请专利的吗？"

数学界的"诺贝尔奖"

诺贝尔奖包括物理、化学等奖项，却没有关于数学的奖项。那么，数学界有没有类似的奖项呢？

答案是肯定的。目前有两个奖项被视为数学界的"诺贝尔奖"，一个是由挪威政府设立的阿贝尔奖，以此纪念英年早逝的挪威数学家阿贝尔，自2003年起，每年颁发一次，奖金金额也与诺贝尔奖相当。

另外一个是由加拿大数学家菲尔兹设立的菲尔兹奖。和诺贝尔一样，菲尔兹临终前立下遗嘱，捐出他的遗产，作为菲尔兹奖的基金。1932年9月5日，在他过世四周后，国际数学家大会一致通过，决定设立菲尔兹奖。

虽然菲尔兹奖奖金只有阿贝尔奖的六十分之一，但目前它更受世人瞩目，因为菲尔兹奖四年颁发一次，而且得奖人必须未满40岁！截至2018年，世界上共有60位数学家获得菲尔兹奖，其中有2位华裔数学家，分别是1982年获奖的丘成桐和2006年获奖的陶哲轩。

菲尔兹奖奖章

科学家荣誉殿堂

阿贝尔是19世纪挪威最伟大的数学家，是近代数学发展的先驱者。他出生于1802年，虽然才华横溢，但生前并没有得到认可，27岁时于贫困潦倒中去世。

在阿贝尔短暂的一生中，除了研究五次方程，证明一般的五次方程不可解外，他还研究了更广的一类代数方程，后人发现这是具有交换的伽罗瓦群的方程。另外，阿贝尔还是公认的椭圆函数论的奠基者之一。正如数学家埃米特所言："阿贝尔的一些思想，可供数学家工作150年。"

拥抱地球的人

1519年，麦哲伦的探险船队从西班牙出发，向"西方"航行，而他的目标，是"东方"的香料群岛！你一定很奇怪，这不是南辕北辙吗？不过麦哲伦坚信地球是个圆球，他认为他肯定能到达目的地。

很快，船队横跨大西洋，到达美洲东海岸。他们寻找传说中的海峡，以便进入新的大洋。

麦哲伦的航海日记

1520年

出发一年了，我们一无所获，还损失了一艘船。最近，我们发现了一个新的海湾。两天前，我派了两艘船去勘察，而它们似乎像两尾小金鱼，消失在石缝间。这个海湾能否通往西方的大海？几乎没有人抱希望。

突然，两艘船回来了，船舷上发出闪光，他们在鸣炮欢呼。我反应过来："找到了！我们找到了海峡！"

这就是麦哲伦海峡。为了纪念麦哲伦，后人将这条海峡以他的名字命名。

麦哲伦

20天后，船队驶过麦哲伦海峡，到达太平洋，在食物断绝后，1521年3月，他们到达欧洲人从未涉足过的菲律宾群岛。

不过，麦哲伦的好运似乎到头了。他想征服岛上的土著居民，将岛屿变成西班牙的殖民地。当地居民进行了强烈的反抗，在争斗中，麦哲伦客死他乡。

1522年9月6日，失去船长的探险船队驶回了西班牙，这时候，出发时的5艘船，只剩下1艘，出发时的265人，只剩下了18人。

不过，他们完成了人类历史上的首次环球航行，用铁一般的事实证明，地球是球形的，大洋是相通的。麦哲伦也因此被后人称为"拥抱地球的人"。

延伸阅读
11月24日　远航南太平洋
7月26日　乘着阳光环游世界

神的礼物

每日新闻

1514年9月7日

今天，匈牙利有块石头从天而降，当地人觉得它是"神的礼物"，便搬了回来。据说，人们怕它又飞回天外去，用铁链把它锁在了墙上！

这份从天而降的礼物就是陨石。你知道吗？当一些彗星、小行星及其碎片离地球很近时，可能会被地球强大的引力"吸引"，从而飞向地球。它们在进入地球大气层时摩擦燃烧，化为美丽的流星。这些碎片没有燃尽的部分则成为陨石（少数情况下还会出现陨冰），降落到地球上的某个地方。这些"天外来物"一般是石质、铁质或石铁混合的物质。

陨石

部分科学家认为，地球上最早的生命物质（如氨基酸），就来自撞击地球的陨石。不过，这要等科学界进一步的探索啦！

科学小百科

陨石着陆时撞击地面形成的撞击坑，被称为陨石坑。据统计，地球上已发现了近200个陨石坑。

陨石坑并非只有地球上有，其他行星、卫星也经常"挨砸"。由于地球表面有空气和水，在长期的风吹雨打下，陨石坑改变了原来的形状，能留下来的不多，而月球上，陨石坑则大致保持了原貌。

全世界第一个被科学家确认的陨石坑——美国巴林杰陨石坑

延伸阅读
3月27日 生命源自"脏雪球"？

拯救大熊猫

你一定见过大熊猫吧！你知道吗？古时候由于大熊猫的牙齿又尖又利，而且"牙口"很好，能把铁都咬断，古人觉得它们太可怕了，称它们为"食铁兽"！

如果你非常喜欢大熊猫，那么你可能想穿越到几十万年前，那时候，在我国东部和南部，分布着很多很多的大熊猫。最初的大熊猫以食肉为主，经过百万年的进化，现在的大熊猫已经由最喜欢吃肉，变成最爱啃竹子了。

但随着环境的变化，大熊猫经历了严酷的自然选择和生存竞争，数量急剧减少，最终这种动物学界的"活化石"，成为我国特有的珍稀动物。

而且，与其他哺乳动物（比如猫和狗）相比，大熊猫宝宝的出生率比较低，加上人们不断砍伐森林，它们的栖息地变得越来越小。正因为这样，它们的数量越来越少，一度在濒临灭绝的边缘徘徊。

人们因而下定决心，必须要拯救大熊猫！当时问题的关键是提高大熊猫宝宝的出生率，而进行人工繁殖是一种很好的方式。

1978年9月8日，在北京动物园中，一只大熊猫妈妈经过人工授精，成功生下了一对大熊猫宝宝。其中一只不幸夭折，还有一只存活了下来。工作人员为这只健康存活的宝宝起名"元晶"，意思是"第一颗晶莹的晨星"。

元晶是世界上圈养环境中，第一只人工授精繁育成功的大熊猫。它的诞生是科学史上人工繁育大熊猫的一个里程碑，给拯救大熊猫这个濒危物种带来了希望，对其他濒危动物的繁育也具有十分重要的意义。

手术禁区——心脏

> 在心脏上做手术，是对外科艺术的亵渎。任何一个试图进行心脏手术的人，都将落得身败名裂的下场。
>
> ——"外科之父"奥地利医生比尔罗特

在比尔罗特去世后不到三年，他的这一"魔咒"就遭到了挑战。

1896年9月7日，德国法兰克福的外科医生路易斯·雷恩的医院，警察送来一位垂危的病人：一名被刺中心脏的22岁小伙子。这位病人面色苍白，呼吸困难，衣服都被血染红了。伤口位于胸骨左缘三指第四肋间处，出血似乎已经停止，但病人的脉搏极不规则，看起来危险极了。雷恩医生对其进行了简单的处理。

两天后，也就是1896年9月9日，这位病人已近濒死状态，雷恩医生决心冒险一搏，将其伤口——也就是心脏进行缝合！雷恩医生用3根线缝合了他的心脏，并清除了伤口周围的瘀血。在忐忑不安的等待中，这位病人痊愈了。这次手术无疑证明了心脏是可以缝合修补的！

在之后的十几年中，雷恩共进行了124例心脏外科手术，手术成功率是40%，而在此之前，心脏受伤者的死亡率几乎是100%。

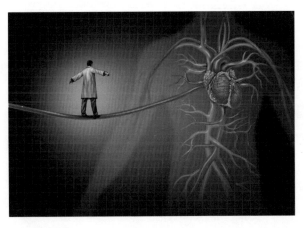

如今，心脏外科手术已经发展成熟，甚至已经出现了微创心脏手术。心脏，再也不是手术的禁区了。

延伸阅读
11月5日 将导管插入心脏

波还是粒子？

1672年冬天的一个清晨，寒风凛冽中，一位风尘仆仆的年轻人叩开了英国皇家学会的大门，他小心翼翼地托着一架自制的反射式望远镜，除此之外，还有一篇关于光和颜色理论的论文。

这位年轻人就是牛顿，时年29岁。这篇论文，掀开了人类历史上关于"光是什么"的波粒之争的帷幕。

第一回合

牛顿认为，白光是由不可再分、不同颜色的"光粒"组成的，即"微粒说"。

而惠更斯等人认为，让一束光穿过一个非常小的孔，孔后形成的光影会明显变宽。这与水波遇到障碍物时发生的现象很像，所以光是一种波。

结局："微粒说"略占上风。

第二回合

19世纪，英国物理学家托马斯·杨进行了双缝干涉实验，该实验现象完全无法用"微粒说"来解释，而用"波动说"则很好解释。

结局："微粒说"惨败。

第三回合

爱因斯坦直接把光当成粒子，提出"光子说"，成功解释了当时的一大难题——光电效应。美国物理学家密立根想用实验驳斥"光子说"，却发现自己在很大程度上证实了爱因斯坦的理论。

1923年，出生于1892年9月10日的美国物理学家康普顿，用实验证明了X射线的粒子性。自此，光的波粒二象性成为共识。

结局：光既是粒子，也是波！

番外

2015年3月，科学家用电子给光拍照，捕获了有史以来第一张光既像波，同时又像粒子流的照片。

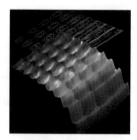
光波粒二象性的照片

延伸阅读
11月22日　测一下光速有多快

9月11日

从竹蜻蜓到直升机

1900年，俄国一个11岁的男孩做了一个美妙的梦。

西科斯基的日记

我梦见自己在一个座舱中向后走去。奇怪的响声和震动表明，我所乘坐的既不是火车，也不是轮船。我向窗外望去，下方竟是海洋和陆地。这神奇的一幕让我不由自主地大叫起来，不过这却让我一下子醒了过来。

醒来之后，西科斯基望着桌子上的竹蜻蜓，陷入思索中。这是一种从中国传来的玩具，用双手夹住竹柄，快速一搓，松手后它就会飞向天空。可不可以仿照竹蜻蜓，做一个能飞上天的小玩具呢？很快，他就制作了一个橡皮筋动力的直升机模型。

时间很快到了1908年，西科斯基和父亲去法国度假。西科斯基从报纸上读到了莱特兄弟在法国进行飞行表演的报道，在看到飞机照片的那一刻，他的飞行梦想迸发了出来。

"在24小时之内，我决定改变我的人生目标，我要学习飞行。"他说。

于是，西科斯基去巴黎学习飞行知识，通过勤奋学习和观察，积累了关于飞行的丰富知识。

1939年9月11日，他成功制造了世界首架直升机VS-300。这项成果代表西科斯基的技术成就达到顶峰，他被人们尊称为"直升机之父"。

科学小百科

直升机没有机翼，飞行灵活，可以悬停在空中，可用于救援、护林灭火、空中摄影等。

延伸阅读
8月27日 没有螺旋桨的飞机

集成电路

晶体管发明后，人们认为有了晶体管的加持，笨重的电子设备很快就可以"瘦身"成功，世界上因此掀起了晶体管的热潮。在这股热潮中，1958年初，34岁的基尔比来到德州仪器公司，从事电路小型化研制。

1958年杰克·基尔比发明的世界上第一块基于锗的集成电路

慢慢的，人们发现，以个头小的晶体管代替电子管，电子设备依旧笨重，接线很长，组装难度高的问题并没有解决。

针对这一情况，基尔比提出一个大胆的想法：可以用与晶体管相同的材料制造电阻和电容——先在同一块材料上制造这些部件，再相互连接，最终形成完整的电路。

为了实现这一想法，他不顾夏日的炎热，在实验室里忙碌。终于，1958年9月12日，基尔比用一种叫作"锗"（zhě）的材料，研制出世界上第一块集成电路。

科学小百科

美国仙童半导体公司的诺伊斯也被认为是集成电路的发明者，他于1959年发明了世界上第一块硅集成电路，它更适合于商业化生产，使集成电路进入商业规模化生产阶段。

1959年罗伯特·诺伊斯发明的基于硅的集成电路

集成电路为开发电子产品的各种功能开辟了道路。2000年，集成电路问世42年以后，人们终于了解到它给社会带来的巨大影响和推动作用。基尔比因此被授予诺贝尔物理学奖。遗憾的是，诺伊斯1990年去世了，他因此无法获得诺贝尔奖。

延伸阅读

11月15日　越来越小的计算机
4月19日　惊人的预言

听诊器的诞生

在听诊器发明之前，医生会把耳朵贴在病人的胸膛上，听病人肺部、心脏等器官的杂音，来诊断疾病。

有一天，法国医生雷奈克苦恼极了，他的一位病人太胖了，他怎么也听不清楚病人肺部的声音！有什么好办法呢？很快，事情有了转机。

雷奈克学生的日记

1816年9月13日

早上，雷奈克医生在卢浮宫广场散步时，看到几个孩子正在玩他孩提时代常玩的一种游戏——一个孩子附耳于一根长木条的一端，辨别另一个孩子在另一端用大头针刮出的"密码"。

绝顶聪明的雷奈克医生一下子想到了他病人的病情。他立即招来一辆马拉篷车，直奔医院。他卷起一本笔记本，紧密地贴在病人肥胖的身体上——他惊奇地发现，这样听到的声音，比用耳朵直接贴在病人的身体前更清晰。长久困扰着他的诊断问题迎刃而解了。

没过多久，雷奈克便发明了世界上第一个木制听诊器。雷奈克意识到，这种方法很有用，不但可以用于研究心脏，还可以用于研究胸腔内所有能发出声音的运动。他为现代医学打开了一扇窗户，被尊称为"胸腔医学之父"。

延伸阅读
7月3日 核磁共振，扫描开始！

时空之海的涟漪

时间：13亿年前

坐标：不详，超级遥远的星系

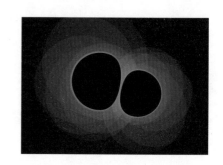

2个黑洞锁成一个螺旋，彼此绕转，然后碰撞，将与3个太阳质量相等的物质，在十分之一秒内转化为纯粹的能量。但这些能量不以光的形式释放，因为它们是黑洞！这些能量注入时空中，荡起引力波的涟漪……

下面，让我们将目光转向13亿年后的地球。

科学史快报
人类探测到了引力波！

2016年2月

一场举世瞩目的新闻发布会正在美国举行。发布会上，美国激光干涉引力波天文台（LIGO）抛出一个爆炸性消息——2015年9月14日，他们探测到了引力波！

经过13亿年的旅行，黑洞合并爆发的引力波终于抵达地球，被地球上最灵敏的LIGO探测器捕捉到！

这是人类历史上首次探测到引力波。相信这一刻过后，"引力波"三个字就会以链式反应般的速度引发全球关注。

科学家们已经打开香槟，准备庆祝了！

1916年，爱因斯坦就预言了引力波的存在。他认为，当物质在时空中运动时，附近的时空就会发生改变，这种改变产生的时空涟漪会以光速向外传播，就像石子投入水中产生的涟漪一样。

不过，只有质量足够大的物体做旋转运动时，才会产生足够大、易被人们检测到的引力波。随着仪器精度的进步，我们终于探测到了引力波。

延伸阅读
8月17日　不一样的中子星合并事件

9月15日

信息高速公路

1993年9月15日，美国政府宣布实施一项新的高科技计划——国家信息基础设施，旨在以因特网为雏形，兴建信息时代的"信息高速公路"，方便所有美国人共享海量的信息资源。

科学小百科

信息高速公路就是把信息的快速传输比喻为高速公路。这是一个高速度、大容量、多媒体的信息传输网络。它将每个人连在一起，网络用户可以在任何时间、任何地点，将声音、数据、图像或影像等信息，传递给另外

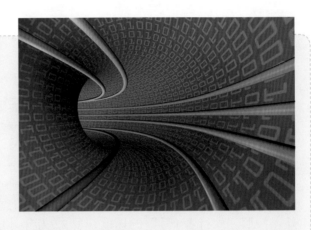

一个网络用户；也可以远距离申办银行业务，进行教学、购物、聊天、电视会议、医疗诊断……

世界互联

这个计划在全球引发大震荡，全球化互联网运动开始蓬勃兴起。许多国家都不甘落后，纷纷提出了自己的"信息高速公路"计划，兴建"信息高速公路"。我国也制订和实施了"中国国家信息基础设施"计划。

随着科技的高速发展，"信息高速公路"逐渐改变了人们观察世界的方式，缩短了地域之间的距离，形成了频繁交往的新型社会。

延伸阅读
10月29日 可以上网啦

"百年星舰"计划

9月16日

2012年9月16日,在美国举行的天文学国际研讨会结束。这次会议正式出台了"百年星舰"计划——准备在100年内,打造一艘载人恒星际飞船,让人类飞往另外一个恒星系统。

"百年星舰"计划

首任机长:梅·杰米森

任务:指挥新型星舰飞船飞越太阳系,探索宇宙

警告:由于目标遥远和资金所限,这次旅程是一张有去无回的单程票,航天员几乎不可能返回地球!

你知道吗?离太阳最近的邻居半人马座阿尔法星(也称南门二),都远在4光年外。按照"旅行者1号"的速度,要7.5万年才能到达。如果换上目前所能设想的最快、效率最高的常规发动机,也要1.9万年。

这意味着,到达另一恒星系统前,有600多代人要一直生活在飞船上。因此,飞船必须像一个自给自足的小城市,质量至少在百吨以上。

如果飞船的速度能更快一些,比如,接近光速就好了!但人们能想到的常规能源都不能满足要求,那么能不能试试反物质呢?

"百年星舰"第一站:火星或火星的两颗卫星

科学小百科

反物质是正常物质的反状态。当反物质与物质相遇时,双方就会相互湮灭,发生爆炸并产生巨大的能量。反物质的潜力极大,能源效率最高,比核电站的能量效率高出1000倍,有"第四代核能"之称。

不过,反物质难以捕捉,更难以存储。所以,"百年星舰"计划面临的挑战还有很多,我们还有很长的路要走。努力吧,人类!

延伸阅读
12月5日 新一代飞船——"猎户座"

航天之父

1857年9月17日，齐奥尔科夫斯基出生在俄国。10岁那年，他患上了猩红热，导致听力严重受损。14岁那年，他就不再去学校上学了。

虽然离开了学校，但齐奥尔科夫斯基有着强烈的求知欲和好奇心。16岁那年，父亲安排他去莫斯科学习，他一头扎进图书馆中。他无意间读到法国科幻作家儒勒·凡尔纳的作品《从地球到月球》，书中冒险家乘着炮弹去月球探险，这让他深深着迷。

不过，少年齐奥尔科夫斯基很快意识到，书中用大炮把冒险家发射到月球上的做法根本不现实，在巨大的加速度面前，乘客大概会瞬间被压成肉饼。

回到家乡后不久，齐奥尔科夫斯基开始尝试撰写科幻小说，但他发现自己并不喜欢构思惊心动魄的故事情节，他的注意力完全集中在太空飞行的具体问题上，比如，火箭如何克服地球重力，离开地球进行太空飞行？

经过深入的思索，齐奥尔科夫斯基完成了航天学经典论文《利用喷气工具研究宇宙空间》。1903年，这篇论文的发表，标志着航天学理论的诞生。接着，他又发表了多篇关于火箭理论和太空飞行的论文，较为系统地建立起了航天学的理论基础。50多年后，他的祖国基于他的思想，开启了人类的航天时代。

齐奥尔科夫斯基

科学家速写

齐奥尔科夫斯基是现代宇宙航行学的奠基人，被称为航天之父。他提出了"多级火箭"的设想，这正是今天主流运载火箭所采用的技术。他说："地球是人类的摇篮，但人类不可能永远被束缚在摇篮里。"

延伸阅读
3月16日　实现少年时的梦想
10月4日　看天上！人造卫星！

逃离地球

地球逃离计划

14世纪末，中国有一位官吏，官职为万户，他在椅子的背后装上47枚当时能买到的最大火箭，然后把自己绑在椅子上，两手各拿一只大风筝。他叫仆人同时点燃47枚火箭，想借火箭向上推进的力量飞向天空，并借助风筝保持平衡。他的目标，是离开地球，到月亮！

"轰！"一声巨响，浓烟滚滚，烈焰翻腾。不过他没能如愿飞上天空，人们在另一个山头找到了他的遗体。

万户的努力虽然失败了，但借助火箭推力升空的创想是后世航天火箭发展的开始，他被世界公认为"真正的航天始祖"。为了纪念他，科学家将月球上的一座环形山命名为"万户山"。

500多年后，我们真的借助火箭将宇宙飞船送入太空，有些飞向月球，有些飞向海王星、冥王星，有些则飞往更远的地方。1977年9月18日，离开地球、正朝着外太阳系飞行的美国"旅行者1号"飞船调转镜头，拍下了人类历史上第一张地月同框的照片。

地月同框

科学小百科

现在我们知道，47枚当时的火箭能提供的推力根本不够"逃离"地球。只有当速度足够大，物体不再被地球引力场束缚时，才能"逃离"地球。我们把物体刚好逃脱星球的引力场，不再掉到地面上的这一速度叫作逃逸速度。地球的逃逸速度是11.2千米/秒，也就是1秒前进11.2千米！

延伸阅读
4月22日　地球日快乐
7月20日　月球漫步

帕斯卡和大气压

9月19日

亲爱的帕斯卡：

　　我终于完成了你托付我的实验，也享受了万众瞩目的滋味——因为我拿着一根长玻璃管和一盆水银，没有人不感到好奇！我很快做完了第一次试验，但接下来就惨了，我得拿着这些东西，爬到1000米高的山上继续！

　　我特地记下了那天的日期：1648年9月19日。实验数据附在后面。

姐夫

　　几个星期后，帕斯卡收到这封信，他高兴极了，实验结果证实了他的理论：海拔越高的地方空气越稀薄，大气压力就越小。而接下来，他还要设计一个有趣的实验。这个实验让观众目瞪口呆：

观众的日记

　　今天，帕斯卡教授将一个木桶装满水后，用盖子封住。盖子上只留一个小口，插上一根长长的细铁管，再把接口处密封。

　　然后，他爬上楼顶，慢慢往铁管中灌水。

　　结果，只灌了几杯水，木桶突然破裂，水流了一地！周围的人，包括我，都惊呆了，这是在变什么戏法？

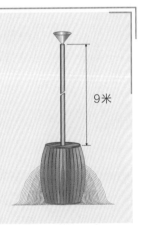

9米

　　这就是著名的"裂桶实验"。根据这个实验，帕斯卡提出了著名的"帕斯卡定律"：压强在密闭液体内能够大小不变地传向各个方向。人们根据这个定律，设计出了各式各样的液压机，在生产和科研中发挥了巨大的作用。帕斯卡因此被称为"液压机之父"。

延伸阅读
5月8日　马德堡半球实验

从月球上取岩石

请　柬

诚邀您参加2018年11月29日的拍卖会！这次拍卖会一定不会让您失望——我们有人类取得的首批月球岩石标本，是由苏联的无人月球探测器"月球16号"在1970年带回地球的，原属于当年苏联太空计划总设计师科罗廖夫所有，极为珍罕。

此外，还有整套美国双子星太空衣，以及描绘人类首次踏足月面的油画。相信我，您一定不会失望！

截至2019年，从月球上取回岩石与土壤样品的国家，只有美国和俄罗斯。美国实施了6次成功的阿波罗登月计划，一共取回了381.7千克的月球岩石与土壤样品。苏联也实施了三次成功的月球无人取样返回实验，带回约0.3千克样品。其中第一次就是"月球16号"探测器。它于1970年9月20日登上月球，成功取回101克月球土壤样品。之后，这部分样品由俄罗斯保存。

如何开展月球岩石与土壤研究

1. 研究月球陨石，就是因月球受到小行星撞击，从月球飞溅出来并坠落到地球上的岩石。这种方法不知道陨石究竟来自月球表面哪个地点，缺乏重要的地质学背景信息，在做分析时会有很多限制。

2. 直接到月球上取样。这样得到的样品绝对新鲜，不像陨石，经历了数万年的风吹日晒，破坏严重。

3. 参加拍卖会。不过拍卖月球土壤的拍卖会可是可遇不可求哦！

最后，这次拍卖会上的0.2克月球岩石标本，以85.5万美元高价，被一位美国私人收藏家收入囊中。

延伸阅读
12月19日　卖月亮闹剧

中国航空之父

1895年，中国在中日甲午战争中战败，年仅11岁的冯如，跟随舅父远涉重洋，到美国谋生。在异国，他目睹了日新月异的先进机器，认识到：要想国家富强，必须有发达的工业。

为了实践技术救国，冯如先后在船厂、电厂、机器制造厂当学徒和工人，一边工作一边自学，逐渐掌握了多种机械和电器的设计、制造技术。

1903年，莱特兄弟制造了世界上第一架飞机。冯如想到了飞机在军事上的作用，决定为中国制造第一架飞机。

旧金山考察者报

1909年9月21日傍晚，"冯如1号"正式试飞。制造并驾驶飞机的人是"东方的莱特"——来自中国的冯如，他迎着强风升至4.5米高，环绕一个小山丘飞行，共飞了约800米。他的飞机具有良好的性能，在航空领域，中国人把白人抛在了后面！

冯如因此名扬世界，但他一心想着祖国。谢绝了美国人的重金挽留，1911年，冯如带着他的助手和飞机回国，开始创建中国的航空事业。

1912年，冯如制成了中国第一架飞机，开拓了中国近代的航空事业，揭开了中国航空工业史新的一页。

科学家荣誉殿堂

1912年8月，冯如在做飞行表演时失事，不幸身亡，时年29岁。2009年，中国空军授予冯如"中国航空之父"的称号。

延伸阅读
12月11日　此生惟愿长报国

高速铁路

20世纪50年代，航空与汽车工业蓬勃发展，铁路因为列车速度太慢，被视为落后于时代的一种运输手段，当时人们戏称铁路建设是"夕阳产业"。不过，这个观念很快就被打破了。

1964年，世界上第一条高速铁路——日本东海道新干线开通，时速超过200千米，将东京至大阪的时间，由原来的6小时30分缩短至4小时，现在的行车时间更是缩短至2小时25分。

高速列车行驶在高速铁路上

新干线以其安全、快速、准时、舒适等优越性，在技术和商业上收获了巨大成功，掀开了世界铁路发展的新篇章。

作为欧洲传统铁路技术强国，法国很快开始着手高速列车的研制和高速铁路的建设。1981年9月22日，法国总统密特朗在巴黎的里昂火车站，主持了欧洲首列高速列车的通车仪式，该列车时速可达270千米。此后，高速铁路显示出旺盛的生命力。

1999年，作为中国第一条高速铁路试验段的秦沈客运专线铁路全面开工，2004年，我国高速铁路建设进入大规模实施阶段。截至2019年底，中国高速铁路运营里程达到约3.5万千米。

延伸阅读
2月21日　蒸汽火车实验

发现海王星

悬赏令：搜寻"隐形"之星！

继两年前发现天王星后，科学家发现天王星并没有按万有引力定律"预算"的轨道运行，它时快时慢，像个醉汉一样！我们怀疑天王星旁有一颗"隐形"的星星，它用巨大的力量"拖"着天王星。现在，请拿起您的望远镜，如果您能搜寻到这颗星，我们将为它冠上您的名字！除此之外，还有金币奖励等着您来拿！

德国哥廷根皇家学院

1783年

天文学界沸腾了，大家纷纷拿起望远镜遥望星空。但几十年过去，悬赏令都过期了，还是没人能找到这颗星星。

转机出现在1846年，法国的天文学教师勒维耶根据牛顿的万有引力定律推算出了这颗星的轨道。可是星海茫茫，怎么才能找到它呢？勒维耶心想，找星星我不在行，还是交给天文台的天文学家加勒吧！

勒维耶

亲爱的加勒先生：

请把您的望远镜对准宝瓶座，黄道上黄经326°，在这个位置1°的范围内，一定能找到新的行星！

勒维耶

1846年9月23日，只花了1小时，加勒就在勒维耶指定的区域内发现了这颗星星，这就是太阳系第八颗行星——海王星！这一发现验证了牛顿的万有引力定律，这一天，被评价为"牛顿力学最辉煌的一天"。

延伸阅读

7月2日 预言家哈雷

11月3日 找不到的星星

23

把飞机场建到大海上

每日新闻

1908年

在一艘由德国汉堡驶往美国纽约的德国邮船上，德国人正在进行一项研究，他们准备让携带邮件的飞机，从邮船的前甲板平台上起飞，以加快向纽约投递邮件的速度。

这则新闻引起了美国海军的警觉：德国海军是不是以邮政实验做掩护，正在研习一种特殊的越洋攻击美国本土的新战术？

美国海军当然不能熟视无睹，更不能落后于别人！于是美国人也开始进行飞机在军舰上起落的实验。

他们在军舰的头部加装长25.3米的木质跑道，建成了有史以来第一个军舰上的"飞机场"。1910年，美国飞行员驾驶着一架飞机，在军舰上徐徐滑行一段距离后，顺利升空。

一年后，飞机在军舰上成功降落。实验的成功，表明"把飞机场建到大海上"是可能的，从此，科学家开始了可移动的机场——航空母舰的研制。

最早的航空母舰是利用原有的军舰改造而成的。1960年9月24日，人类历史上第一艘核动力航空母舰"企业号"下水。

科学小百科

航空母舰，简称"航母"，有"海上霸主"之称，是一种以舰载机为主要作战武器的大型水面舰船。

延伸阅读

9月11日 从竹蜻蜓到直升机

超级大锅——天眼

2016年9月25日，在贵州省平塘县大窝凼（dàng），我国自主建造的全世界最大的单口径射电望远镜正式启用。让我们移步记者招待会，去了解一下吧。

欢迎参加"FAST"建成记者招待会

记者：为什么叫FAST？

科学家：它正式的名字是500米口径球面射电望远镜。我们将它的英文名称缩写为FAST。这样比较好记。

记者：为什么叫它射电望远镜？它看起来一点也不像望远镜，反而像一口大锅！

科学家：说起来，它确实没有高高竖起的望远镜镜筒，也没有物镜、目镜，看起来更像是雷达，但它的基本原理和你平常看到的望远镜相似，只不过它观测的不是可见光，而是来自宇宙空间的无线电波。

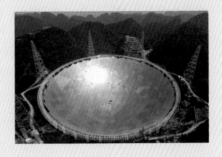

记者：这口"锅"有多大？

科学家：它的直径有500米，面积有30个足球场那么大！不过，这口"大锅"是漏的，想用来煮东西，还是算了吧！这口"大锅"造这么大，是为了"看得"更清楚。与被它挤下排行榜榜首的美国阿雷西博望远镜相比，综合性能提高了约10倍。

记者：为什么要建在"大窝凼"这个地方？

科学家：这是从全国300个候选位置中脱颖而出的。这儿的地形就像是一个完美的球面，将工程开挖量从3000万方减少到54万方，另外，它的排水性也很好。

记者：FAST主要用来观测什么？

科学家：它的主要目标是探测宇宙中的遥远信号和物质，比如脉冲星等，同时，它也被用于探测地外文明和生物。

延伸阅读
11月16日 给外星人写信

生物圈二号

地球上所有的生物都生活在生物圈中。为了弄清地球生物圈的作用，也为了人类能在火星等其他星球上长期生存下去，人们建造了一个人工生物圈——生物圈二号。

请 柬

想进行一场别开生面的挑战吗？诚挚邀请您进入"生物圈二号"，它位于美国亚利桑那州的荒漠。这是一个模拟地球环境的全封闭温室，大约有两个足球场那么大，罩在玻璃下。

生物圈二号

里面有3800种动植物，也有模拟的湖泊、沙漠、农田等，还有制造人工风雨的装置，这一切构成了一个小型的生态系统。

温馨提示：除了一部电传机和电能供给外，与外界完全隔离，什么都要自己动手哦！

体验时间：两年。

警告：除非患严重疾病，任何人不得离开这个地方。

这个挑战，您敢参加吗？

1991年9月26日，"生物圈二号"举行了开园典礼，8位科学家正式入住，他们亲自饲养家禽、牲畜，种植农作物。在这里，任何东西都可以循环使用。

不过，还未从兴奋和喜悦中回过神来，几位科学家就发现"生物圈二号"的空气越来越差，氧气越来越少，2位科学家不得不依靠氧气筒睡觉。

不久，许多活蹦乱跳的动物一一死亡，不到一年就死了近四分之一的物种，这让8位科学家彻底丧失了信心，他们一个个病恹恹地出来了。随后，科学家又组织了两次封闭住人实验，均告失败。

虽然生物圈二号实验失败了，但这是一次伟大的尝试。它提醒我们，要关爱地球的自然生态系统——生物圈一号。

延伸阅读
4月22日 地球日快乐

嗨，上火车去

邀请函

尊敬的先生/女士：

　　1825年9月27日，世界上第一条客货两用铁路将正式通车营业。还等什么呢，快上车试一下吧！届时，将会举行盛大的开业典礼，诚挚邀请您参加！

斯托克顿—达灵顿铁路处

　　四面八方的居民都跑来看铁路开通典礼，场面十分热闹。刚刚诞生的铁路客车，就像平板车一样，没有车厢，也没有顶棚，乘客们在上面或站或坐，兴奋极了！

　　随着一声长鸣，车头烟囱里喷出浓浓的烟雾，飘散出来的火星甚至把一些人的衣服都烧出了窟窿。驾车的人是英国工程师史蒂文森，正是他建造了火车头——"旅行号"蒸汽机车。

　　"小心！"他大笑着驾驶火车往前冲去。

　　第一次试车就随着这混乱滑稽的场景开始了。

　　大家都想上车试试。启程之初，车上拉了300多名乘客，到达终点站的时候，车上已经载满了650人，总重达到了90吨，平均时速12.8千米，下坡时速达到了令人震惊的24千米。

　　这次试车成功之后五年，第一条城际铁路也在英国通车，连通了利物浦和曼彻斯特两座城市，第一列城际列车由史蒂文森的"火箭号"蒸汽机车牵引。

　　很快，修建铁路的风潮开始席卷其他国家，铁路时代来了！

延伸阅读
1月10日　地铁开进城市

不爱整理的科学家

让我们转向1928年英国的一家医院，这家医院的一间实验室里，用于细菌培养的培养皿杂乱地堆放着，而主人弗莱明，则去度假了。

弗莱明是一个伟大的科学家，但他可不是一个那么爱整理的人。

弗莱明的日记

1928年9月

我度假回来，整理培养皿时，发现一些装有金黄葡萄球菌的培养皿被一种绿色霉菌污染了。看起来，这些东西简直像发霉的果汁！

我用显微镜仔细观察，突然，我呆住了，这些"发霉的果汁"周围，没有一点葡萄球菌！难道它能产生某种可以杀死葡萄球菌的物质？这太有趣了！

自从第一次世界大战中，看到大量战士因伤口感染死亡，我就一直在寻找可以杀死细菌的物质，也许，很快就能找到了！

弗莱明花了几个星期反复培养这种绿色霉菌，1928年9月28日，他发现了这种绿色霉菌会分泌某种物质，能杀死很多细菌。他将这种分泌物命名为"盘尼西林"，也就是"青霉素"。

在第二次世界大战中，青霉素挽救了无数人的生命。同时，它开启了医疗的全新时代——抗生素时代，人类的健康与平均寿命得到大幅度提高。不过，虽然抗生素是很多疾病的特效药，但不可随意滥用。在日常生活中，抗生素的使用还是要听医生的专业建议。

延伸阅读

9月4日 科学救星

有趣的费米问题

1945年7月，美国一处沙漠中，曼哈顿计划的相关人员正在紧张地准备原子弹的首次试爆。倒计时之际，费米博士从笔记本上撕下一张纸，将其撕成碎片，高举到空中。原子弹爆炸的冲击波袭来，将纸片吹落到远处的地面。

大家奇怪地望着他，原来费米是要根据纸片被吹走的距离，迅速估算原子弹爆炸的威力。结果虽然和仪器测量值不完全相符，但也相差不远——在同一个数量级。

世界上第一座核反应堆

费米出生于1901年9月29日，他最先研制了核反应装置，开创了原子能利用的新纪元，被誉为"原子能之父"。

你知道吗？费米还是一位善于启发人的教育家。在芝加哥大学执教期间，费米为了让学生开拓思维，提出了大量为世人所称道的"费米问题"：在已知信息不足的情况下估算答案，就像他用纸片估算原子弹爆炸威力一样。

费米：如果你不查询任何资料，能估算出地球的周长吗？

学生：……

费米：我们知道纽约和洛杉矶的距离大约是3000英里，两地的时差为3小时。而地球自转一周的时间是24小时，是3小时的8倍。所以地球的周长是3000英里的8倍，即24000英里。看我们的估算值和真实值差多少——地球的实际周长为24902.45英里！

注：1英里约为1.6千米。

这种把难题转化为容易处理的简单问题的方法，我们也可以用到实际生活中，所以，大胆去估算吧！

制造一个宇宙

你想过怎么制造宇宙吗？首先，你必须把超级超级多的物质挤压到非常小的空间里，这可不是一件容易的事。想想你怎么把一头大象塞进一个火柴盒里！

如果你想到怎么做了，那么你已经做好制造一个宇宙的准备了。

制造一个宇宙需要的材料：

一切东西：收集从现在到宇宙创建之时的每个粒子，包括灰尘、气体以及你能找到的其他任何粒子。

奇点：一个根本谈不上有面积和体积的极小的地方。

现在，把你收集的所有粒子，塞进这个奇怪的奇点，对，全部都塞进去！

准备好后，就来一次真正的大爆炸吧。我知道，你肯定想躲到一个安全的地方来观看这个奇观。

令人沮丧的是，你无处可躲，因为除了奇点这个奇怪的地方外，周围没有任何地方！眼下什么都没有，没有空间，没有时间，只等大爆炸把所有事物创造出来了！

当然，我们不可能真的制造一个宇宙，但我们可以利用计算机模拟。2011年9月30日，美国加州大学圣克鲁斯分校发布了一个惊人的结果：他们用超级计算机模拟了一个"虚拟宇宙"，包括宇宙的结构与演化过程。这一成果开启了新的宇宙研究方法。

延伸阅读
4月1日 宇宙诞生了

宇宙炼金术——元素的合成

宇宙大爆炸后几分钟，形成了绝大多数的氢和少部分的氦。那么，我们周围的其他元素都是怎么来的呢？

1920年，爱丁顿爵士第一次提出，氢的"燃烧"（聚变成氦）是太阳的能量来源。1957年，四位科学家提出了元素在恒星中合成的理论。这四位科学家姓氏的第一个字母分别为B、B、F和H，因此这个理论也称B^2FH理论：

恒星中的元素合成

1957年10月1日

比氦更重的元素是恒星内核聚变形成的，然后在恒星死亡的过程中散播到宇宙中。

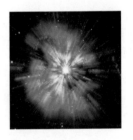

在恒星的内部，氢"燃烧"生成氦，氦"燃烧"生成碳……最后生成铁元素。一旦生成铁元素，恒星就离死亡不远了：铁的"燃烧"不能释放能量，反而需要吸收大量能量。这一切迫使恒星内核向中心猛烈坍缩，同时释放出惊人的能量，导致恒星发生爆炸。爆炸时的光度瞬间剧增万倍至上亿倍，这就是著名的超新星爆发现象。比铁更重的元素在这个时期形成了！

也就是说，地球上的原子，包括你大脑中的原子，除了一些氢和氦之外，都曾经是极其遥远的恒星内部深处的核反应物，而添加到食盐中的碘等元素则是超新星爆发带来的。听起来太不可思议了！

科学小百科

金子可能来自比超新星爆发更剧烈的过程，比如双中子星合并。

延伸阅读
2月23日　恒星的死亡
8月17日　不一样的中子星合并事件

看电视啦

1900年，"电视（television）"这个词首次出现，早期的空想家就如何实现它提出了种种设想。出身寒微的贝尔德是个爱幻想、富有激情的年轻人，他着魔似的迷上了电视发明。

1924年，贝尔德在自己的实验室研究电视时不慎触电，因为当时需要研究经费，他索性利用此事做宣传。

每日快报

重大新闻！重大新闻！发明家贝尔德触电倒地，就在他自己的实验室，据说，他当时正在研究电视！

功夫不负有心人。1925年10月2日，在英国伦敦一间位于顶楼的临时实验室里，贝尔德用摄像机扫描了一个木偶的头部。他欣喜地发现，木偶的头部被闪烁不定地复制在他安置于另一间屋子的屏幕上。实验成功了！

为了进一步确认结果，他冲下楼去，临时雇了一个小伙子坐在他的摄像机前，重复他的实验。这个名叫泰因顿的年轻小伙子，幸运地成为历史上第一个出现在电视上的人。

现在，电视早已进入人们的生活。当初的黑白电视机已被淘汰，彩色电视机也在不断升级换代。如今，人们不仅可以用点播方式看数字电视，还能看网络电视。

用3D眼镜观看立体电视

延伸阅读

7月10日　坐好，看直播啦
5月22日　有机界的骡子——液晶

从瘴气到蚊子

出生于1844年10月3日的英国医生万巴德，为热带疾病的研究做出了重要贡献。让我们看看他的故事吧。

万巴德的日记

1871年

今年，我被调往中国厦门，发现当地很多民众患有一种怪病——下肢肿大如象腿，且患部皮肤粗糙如象皮，这种病也因此被称为象皮病。医学界普遍认为，这是由瘴气引起的，我也这么觉得，于是我利用外科切除手术进行治疗。我花费不少心思在手术方法的改进上，嗯，效果还不错！

1875年

今年，我回英国结婚，在图书馆查阅医学期刊时，发现有医生在象皮病患者的血液中发现了丝虫，但他不清楚患者是怎么感染的。这引起了我的兴趣，我猜测，应该是吸血的昆虫将某个病患血液中的丝虫传到他人体内的，可能是蚊子、虱子或跳蚤。不对，象皮病只流行于热带地区，应该是蚊子！我决定带一部显微镜回厦门。

回厦门后，万巴德让蚊子叮咬象皮病患者后，对蚊子加以解剖，果然在显微镜下发现了蚊子体内的丝虫，而且他还发现丝虫会在蚊子体内成长！这证实了象皮病通过蚊子传染，与瘴气无关。

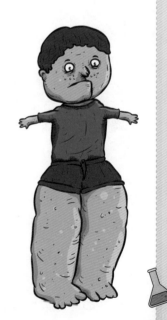

万巴德的研究开启了一扇大门，医学界开始研究寄生虫在热带疾病中扮演的角色，其中又以疟疾最为重要。因为在热带医学上的重要贡献，万巴德被后世尊称为"热带医学之父"。

延伸阅读
8月20日 蚊子日

33

看天上！人造卫星！

纽约时报
看天上！人造卫星！

1957年10月4日

　　今天，数百万名困惑的美国人抬头望向天空，因为他们看到一个星星一样闪亮的移动物体，每90分钟出现一次。原来，苏联人已经把卫星发射到天上去了，他们抢到了人类发射第一颗卫星的荣耀！

　　这一天，世界上第一颗人造地球卫星——"斯普特尼克1号"升空，人类进入太空时代。

　　很快，地球人就接收到了它独特的哔哔声。这让美国人大吃一惊，他们可无法接受苏联人独占太空，他们可在互相竞争呢！为了迎头赶上，美国迅速投入大量资源用于太空计划。太空竞赛正式拉开序幕。

科学小百科

　　斯普特尼克1号，又称人造地球卫星1号，看起来像一颗大号的沙滩球，有一个成年人那么重。它拖着4根细长的天线，在离地球500千米高的地方绕着地球转，每90分钟就能转一圈，并不停向地球发射信号。

　　在运行3个月，围绕地球转了1440圈后，斯普特尼克1号于1958年初坠入大气层烧毁。

　　1959年，苏联完成了第一次绕月飞行，而后将第一台探测器成功送达月球；1961年，苏联将第一位航天员加加林送入太空；1965年，苏联航天员列昂诺夫完成人类第一次太空漫步。

　　而美国也不甘落后，于1959年发射了通信卫星，并在1969年载人登月成功。

延伸阅读
4月12日　人类首飞太空
7月20日　月球漫步

屠呦呦和青蒿素的发现

自古以来，人类一直在与疟疾做斗争。19世纪，人们在南美洲的金鸡纳树皮中提取出奎宁。之后，奎宁一度是治疗疟疾的特效药。但在20世纪60年代，引发疟疾的疟原虫产生了抗药性，奎宁等常见的抗疟药没有了疗效，全球疟疾疫情难以控制。

青蒿

中国也紧急启动了抗疟新药的研发，中医科学院成立了专门的课题组负责研发项目，寻找抗疟疾的新药。屠呦呦参与到这个项目中，她发现在中国历代医学典籍中，经常提到一种植物——青蒿能有效治疗疟疾。但她用青蒿做实验提取有效物质时，遭遇了失败。

她不知道问题出在了哪里，便设想：莫非是实验时，提取过程的温度过高？高温可能破坏了药物的效果。

于是，屠呦呦改用低温提取，在191次实验后，青蒿提取物对疟疾细胞的抑制率终于达到了100%，实验初步成功了！研究小组将这种提取物命名为青蒿素。下面，就要在动物身上进行实验了！

但动物实验并不顺利，有些动物被治愈，有些动物看起来像中毒了！那么，这种药物用于人体是否安全呢？

只要有一线希望，屠呦呦也想试一下。她主动要求在自己身上做实验。实验成功了。花费数年时间对药物进行改良后，青蒿素被推广到全世界，挽救了数百万人的生命。

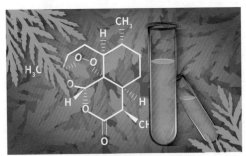

青蒿素

2015年10月5日，84岁的屠呦呦荣获诺贝尔生理学或医学奖，成为第一位获得该奖项的中国人。

延伸阅读
8月10日 以身试毒

地球，你多少岁了？

你知道地球的年龄吗？古人没有可靠的方法确定地球的年龄，不过一位爱尔兰人詹姆士·厄舍还是进行了著名的尝试。

厄舍的日记

1650年

我对历史资料进行了仔细研究，最终得出结论：地球诞生于公元前4004年10月23日中午。

这个观点曾主宰了科学界，但随着19世纪大量化石的发现，情况开始变得混乱。那时，你很容易获知地球开始出现复杂生命的时间，答案可能是300万年前、1800万年前、6亿年或24亿年前——这一切都取决于你查的是哪种资料。

就在一切乱作一团的时候，新西兰科学家卢瑟福想到了一种绝妙的方法：

放射"钟"

无论哪种放射性物质，它一半数量的原子衰变的时间，即半衰期，总是一样的，这种稳定的速度可以当作"时钟"！知道一种材料原来有多少放射性物质，只要计算出这种材料现在还有多少放射性物质，以多快的速度衰变，你就可以往前推算出它的年龄。

那选取什么材料推算地球的年龄好呢？美国科学家帕特森将目光锁定在古老的岩石上，但怎么找到保持"原貌"没有衰变的古老岩石呢？他想到，可以利用地球之外的岩石——陨石！因为一些陨石实际上是太阳系形成早期留下的"建筑材料"，年龄与地球相仿，但它们几乎不会衰变，保持着原始的物质含量。只是，找到合适的岩石，他就花了7年时间！

1956年10月6日，他向全世界宣布，地球的年龄约为45.5亿年——这个数字我们今天还在用，误差仅7000万年。现在，人们终于知道地球多少岁了！

延伸阅读
6月22日 小地球实验
9月7日 神的礼物

流水线

你听说过福特汽车公司吗？这家生产汽车的跨国企业是亨利·福特创立的，他在汽车生产方式与工厂管理方法上的创新，改变了整个时代。

福特从小的梦想是制造一种"不用脚行走"的"四轮车"。在拥有自己的公司后，1908年，他推出了坚固牢靠又平价的T型车，大受市场欢迎。

T型车

随着需求的快速增加，福特于1913年扩建厂房，大胆采用流水线的生产方式。他将汽车组装工序合理地做了分解，工人只需站在传送带旁，在汽车的组件经过面前时，完成所分配的工作——放螺栓的人不需要装螺帽，装螺帽的人不需要拧紧它，每个人只需要完成自己的工作！

1913年10月7日，福特在美国密歇根州的汽车制造厂建立了一条流水线，大大提高了生产效率。原来生产一辆T型车需要12小时，到1914年时，只需约90分钟。"流水线"推动了汽车时代的到来，福特因此被称为"汽车大王"，他去世时，人们对他的评价是："当他来到人世时，这个世界还是马车时代。当他离开人世时，这个世界已经成了汽车的世界。"

之后，这种"流水线"的批量生产方式在全世界被各行各业采用，深刻影响了现代社会，成为现代文明普及的一大助力。

科学小百科

福特将员工每天的工作时间降为8小时，日薪翻倍，这样，所有员工都买得起T型车了。1926年起，他开始实行一周五个工作日，他的措施迫使其他汽车厂也提高薪资和福利。美国最早的中产阶级开始逐步形成。

福特

太空实验室

1974年夏天，加勒比海波多黎各岛。

群山之中，一口巨大的"铝锅"嵌在灰岩坑内，看起来神秘莫测。这正是当时世界上口径最大的射电望远镜——阿雷西博射电望远镜。

赫尔斯的日记

1974年

夜幕降临，我站在望远镜前，对准繁星点点的夜空，搜寻着脉冲星这一特殊的天体。

突然间，仪器记录到一个很微弱的信号，滴……滴……信号间隔非常短，仅有0.059秒，也就是59毫秒，却很有规律。我一阵兴奋，又是一颗脉冲星！最近我已经观测到了近40颗脉冲星！

接下来，赫尔斯对该脉冲星做了一系列例行观测，却发现它的表现异常奇怪。它旋转一周的时间飘忽不定，仅仅2天，变化量竟多达27微秒！这对脉冲星来说是极大的"误差"了。

赫尔斯推测，这颗脉冲星应该有一颗伴星，它们一起做轨道运动，而伴星的轨道运动改变了它的周期！

他把这一惊人的发现告诉了导师泰勒教授。1974年10月8日，泰勒和赫尔斯联名，将论文《脉冲双星系统的发现》寄往《天文物理学杂志》编辑部。

科学小百科

太空实验室——脉冲双星

泰勒和赫尔斯意识到，这是一个验证引力波存在的绝佳机会——两颗脉冲星靠得很近，并因强大的引力作用而相互围绕旋转，那么它们就应该发出颇为可观的引力波，同时损失一定的能量。这是一个绝佳的太空实验室！

经过十几年、上千次观测，他们最终验证了广义相对论，也印证了引力波的存在，获得了1993年的诺贝尔物理学奖。

延伸阅读
9月14日 时空之海的涟漪

黑洞监牢

1915年，爱因斯坦提出了广义相对论。一个月后，还在第一次世界大战战场上的德国天文学家史瓦西，就求得了爱因斯坦引力场方程的一个精确解，那就是黑洞！

黑洞报告

如果将某个天体的全部质量都压缩到很小的"引力半径"范围内，根据爱因斯坦的理论，所有物质、能量包括光，都会被囚禁在内，这些物质，都将塌陷于中心部分。从外界看，这个天体就是绝对黑暗的存在，也就是"黑洞"。

在这个引力半径内，连最快的光也不可能从这个天体逃离，任何东西只要被它抓住就再也逃不出去了。所以说，黑洞是一个终极监牢。

黑洞的边缘称作"视界"，就如同瀑布的边缘。如果你在边缘的上游，又以足够的速度划行，你就可以逃开，一旦你越过这个边界，肯定就逃不出去了！

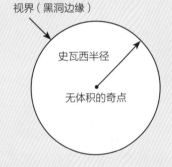

视界（黑洞边缘）

史瓦西半径

无体积的奇点

史瓦西出生于1873年10月9日，是德国天文学家、物理学家。此刻，他虽然身在战场，却仍在关心科学的最新进展。

不过注重实践和观测的史瓦西，却认为这个解没有对应的物理意义，他不相信黑洞是真实存在的。遗憾的是，他再也没有足够的时间，去仔细理解和研究黑洞了：他在战场上得了重病，几个月后，便撒手人寰。为了纪念他，人们将引力半径称为史瓦西半径。

延伸阅读
3月29日　出发！寻找穿着"隐身衣"的黑洞

称一称地球有多重

你一定知道，我们生活的地球是一个巨大的球体，但这个球到底有多重呢？或许，可以称一下。不过，我们可找不到那么大的秤！

一个腼腆至极的英国科学家，完成了测量地球质量的任务。他就是出生于1731年10月10日的卡文迪许。他十分腼腆，在他家里，访客是不受欢迎的，连管家都要以书信的方式与他交流。他的朋友这样讲述自己的经验："与卡文迪许交谈，千万不要看他，而要把头仰起，两眼望着天，就像对天空谈话一样，这样才能听到他的一些见解。"

1797年夏末，卡文迪许把注意力转向科学家米歇尔留给他的几箱仪器上。仪器很像体育馆常见的举重训练器材，有两个150千克重的铅球。他改进了仪器，想用它精确地测量出两球之间的引力，推算出万有引力常量，进而估计地球的质量。他知道，在仪器所在的屋子里，容不得半点干扰。

卡文迪许呆在旁边的一个屋子里，用望远镜瞄准一个窥孔进行观察。这项工作极其费劲，要做17次精密而又互相关联的测量。

花了一年时间，在计算完毕后，他宣布地球略超过60万亿亿吨。至此，关于地球的质量，我们终于有了一个科学的数据！

目前关于地球质量最准确的估计数是5.9725×10^{24}千克，也就是59.725万亿亿吨，与卡文迪许得出的结果只相差1%左右！

科学家速写

卡文迪许还首次发现了库仑定律和欧姆定律，却因害怕别人的称赞，将它们藏在了手稿中，没有对外公开。

延伸阅读

6月1日　发现北磁极
10月6日　地球，你多少岁了？

40

夜空为什么那么黑

夜空为什么那么黑？你也许会回答，因为太阳下山了。但不是还有星星吗？你也许会继续回答，因为星星太远了，光比较弱！可是，星星那么多呢！

这个问题，就是著名的"奥伯斯佯谬"。奥伯斯出生于1758年10月11日，是德国著名的天文学家，他在1823年提出了这个问题：如果宇宙是无限的，恒星均匀地布满天空，无论往哪个方向望去，都有一颗星星，那么夜晚的天空将和白天一样明亮。而实际上夜空是黑暗的，这是为什么呢？

直到哈勃证实宇宙正在膨胀后，这个问题的谜底才慢慢揭开。

宇宙起源于宇宙大爆炸，它不是无限的，恒星数量也是有限的。根据哈勃定律，星系远离我们的速度和它与我们的距离成正比，也就是说，越远的星体远离我们的速度越大，相对速度甚至超过光速，这些星系的光永远不会到达地球。所以宇宙中只有部分恒星发出的光才会映入我们的眼帘，无法填满整个夜空。

天文学家哈里森通过计算指出，若要照亮夜空，宇宙需要的能量至少要达到现在的10万亿倍，或者恒星的数目要增加10万亿倍。正是因为宇宙中的能量太少，所以夜空只能这么黑！

延伸阅读

1月17日　所有星系都在离我们远去

10月12日 最具争议的诺贝尔生物学或医学奖

在电影《飞越疯人院》中，主角因为厌恶强制劳动，装作精神异常而被送入精神病院。但那儿并不是他的避难所。精神病院的护士长制订了一整套秩序，一切都要以此为准则。他展开反抗，最终被切除了前额叶，彻底失去了自我意识。

你知道吗？电影中的前额叶切除手术曾风靡一时，是20世纪三四十年代比较流行的精神疾病治疗方法，最早由葡萄牙医生莫尼兹引入。

莫尼兹

1935年，耶鲁大学的一个研究小组发现，在破坏2只黑猩猩的前额叶后，它们变得温顺了很多。莫尼兹受到启发，他想这项技术能不能用来治疗精神病患者呢？他对20名病患实施了前额叶切除手术，并公布了自己的成果：除了6人没有明显变化，其余14人症状都有明显的改善。消息一出，这种治疗方法很快被很多国家采用。

1949年10月12日，诺贝尔生物学或医学奖授予莫尼兹，理由是"发现前额叶切除术对特定精神疾病的治疗效果"。

然而，人们发现病患接受前额叶切除手术后，不断出现各种后遗症，包括智力衰退、反应迟钝、丧失方向感等，甚至有人性格大变。1950年，苏联率先禁止前额叶切除术，之后其他国家也陆续跟进。

颁给莫尼兹的诺贝尔奖也成了最具争议的诺贝尔生物学或医学奖，直到现在，还有不断要求撤回莫尼兹诺贝尔奖的呼声。至于莫尼兹医生，他被自己的一位病人开枪击中了腿部，在轮椅上度过了余生。

延伸阅读
8月25日 最有名的失忆者

寻找地球的刻度

在北半球漫无边际的大海上，要知道所在位置的纬度，只要测量北极星的仰角就可以了（南半球观测南十字星），但想知道正确的经度，可难倒了地球人。

悬赏令

任何人，只要能找出在海上测量经度的方法，误差在1度以内，奖励1万英镑；误差在$\frac{2}{3}$度以内，奖励1.5万英镑；误差在半度以内，奖励2万英镑。

英国经度委员会

1714年

直到1759年，钟表匠哈里森造出了一台航海钟，在将近半年的远航测试后，以总误差不到两分钟的测试结果，拿到了赏金。

科学小百科

经度问题可以换算成时间问题。地球24小时自转一周，因此经度相差15度的两地，时间就相差1小时。只要制作出一台极为准确的钟表，利用钟表时间和船舶所在地的时间差值，就能计算出所在地的经度。

1884年10月13日，在美国举行的国际子午线会议决定，以经过英国格林尼治天文台的经线为0度经线，也叫本初子午线。这条线的东侧就是东半球，西侧是西半球。同时，这条线也是世界标准时间的起点。

科学真有趣

如果你双脚分跨0度或180度经线的两侧，那么你就是同时站在了东半球和西半球上。

延伸阅读

8月30日　大陆在移动

与声音赛跑

1947年6月，美国某空军基地签收了一架非常特别的试验机——贝尔X-S1。字母"X"代表未知的实验，"S"则代表超音速。这是一架酷炫的橘色飞机，机身就像一枚子弹，最特别的是，它加装了火箭推进器！这听起来似乎有点小题大做，超过声音的速度有那么难吗？

当飞机提高速度，试图超过音速时，经常会发生爆炸。人们发现，罪魁祸首其实是我们周围的大气：当飞机的速度接近或达到音速时，飞机受到的空气阻力会突然增大，形成一面极其坚固的"空气墙壁"。飞机高速撞上这面"墙"，就会解体。这一现象称为"音障"。

通过不断地"尝试—失败—革新—再尝试"，人们终于制成了这架X-S1。为了保密，它改名为X-1。试飞的日子到了，跟着飞行员叶格尔一起体验一下吧。

叶格尔的飞行日记

1947年10月14日

X-1不具备起飞能力，轰炸机吊着它飞到空中。攀升到一定高度时，我爬下轰炸机，滑进X-1的驾驶舱。很快，飞机脱离了轰炸机，我按下点火按钮，点燃了四枚火箭。这种感觉，像是在驾驶航天飞机，真是帅呆了！

速度计的指针跳出了量程。突然，我听到一声巨响，应该已经突破音障了！

这是人类历史上飞机的飞行速度首次超过声音的传播速度。现在，超音速技术已经从空中走向陆地和水面，"超音速汽车""超音速快艇"等也都已研制成功。

延伸阅读
9月24日 把飞机场建到大海上

中国飞天梦圆

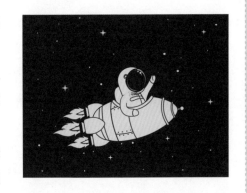

2003年10月15日9时，"神舟五号"飞船从酒泉卫星发射中心发射。这是"神舟号"系列飞船中的第五艘，也是中国第一艘载人飞船，它将航天员杨利伟及一面具有特殊意义的中国国旗送入太空。

飞行587秒后，"神舟五号"载人飞船进入预定轨道。杨利伟正式开始了太空中的生活。他在太空中吃了两顿饭，睡了两次觉——飞船上可没有床、被子和枕头，只有一个睡袋！杨利伟将睡袋挂在舱壁上，钻进睡袋，拉上拉链就可以睡觉了。

在绕地球飞行了14圈，历时21小时23分，顺利完成各项预定操作任务后，"神舟五号"于10月16日安全返回地球。

"神舟五号"的成功发射，标志着中国成为继俄罗斯和美国之后，第三个将人类送上太空的国家，是中国航天事业在新世纪的一座新的里程碑。

科学小百科

中国载人航天工程

1992年9月21日，中国政府决定实施载人航天工程，代号"921工程"，确定了"三步走"的发展战略。第一步，发射载人飞船，初步建成配套的试验性载人飞船工程，并开展空间应用实验。

第二步，突破航天员出舱活动技术、空间飞行器的交会对接技术，发射空间实验室，解决有一定规模的、短期有人照料的空间应用问题。

第三步，建造空间站，解决有较大规模的、长期有人照料的空间应用问题。

延伸阅读
6月20日　太空授课

麻醉手术

在19世纪以前，手术绝对会让患者痛不欲生。当时没有深度麻醉的方法，手术时患者仅能靠酒精、鸦片等来减缓疼痛。

1846年10月16日，波士顿麻省总医院的手术厅中，坐满了医生与学生，大家准备观摩一场号称令病患完全无痛的手术。让我们一起去见证一下吧。

见证者日记

一切似乎都准备好了，病人已经躺在手术台上了，主刀的是70高龄的沃伦教授，他要使用莫顿医生带来的新麻醉剂。

手术时间就要到了，但莫顿医生迟迟未出现。就在沃伦教授打算用老方法手术时，莫顿终于出现在手术厅。原来他去取订做的乙醚吸入器，所以迟到了15分钟。

莫顿连忙给病人用上麻醉药。四五分钟后，病人进入了麻醉状态。

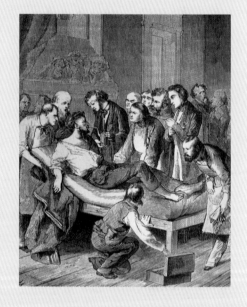

莫顿轻声对沃伦教授说："您的病人已经准备好了。"——这次手术要为病人切除颈部肿瘤。沃伦教授在病人肿瘤部位切了一个两三英寸（1英寸约为2.54厘米）的口子，他凝视了一会儿，等待着随之而来的病人尖叫声，可是病人却很安静。手术大约用5分钟就完成了。

沃伦教授确认病人无碍后，向全场宣布："各位，这可不是骗人的！"

很快，这场成功的麻醉手术传遍全世界，从这之后，做手术再也不像接受残酷的刑罚一样了！手术的疼痛被攻克，各国医生纷纷效法，开启了外科手术的新纪元。

延伸阅读
9月9日 手术禁区——心脏

威胁变朋友

新闻播报

1954年

在科学家和工程师的共同努力下，苏联建成了世界上第一座5000千瓦发电量的核电站，世界上的电灯首次被核能点亮啦！

人们最早见到核能的威力，是通过日本的原子弹爆炸画面，它带给人们死亡和毁灭。如果让核裂变以链式反应的方式进行，核能便会在极短时间内释放出来，形成爆炸。而如果对核裂变的反应速度进行控制，让能量缓缓释放出来，就能为人类所用。世界上第一座核电站便是人类和平利用原子能的成功典范。

核电站

之后，世界各国陆续加入了核能发电的行列。1956年10月17日，英国的核电站正式启用。如今，世界上已有440多座核电站，它们源源不断地为人类送来光明和温暖。1991年，中国自行设计、建造的第一座核电站——秦山核电站建成，结束了中国"有核无能"的历史。

科学小百科

核电安全性强。虽然发生了1979年美国三里岛事件、1986年苏联切尔诺贝利事件、2011年日本福岛核灾，但这些事故都是人为因素，而非反应堆本身的因素造成的。随着科技的进步，核电站会变得更安全。

延伸阅读
9月12日　向太阳挑战

月亮作证

林肯是美国历史上有名的总统，他年轻时当过律师，曾受理过一桩悬案。

事情是这样的：青年阿姆斯特朗被人指控谋财害命，林肯是他的辩护律师。法庭开庭审理时，被告不断喊冤，而原告证人福尔逊——一个游手好闲的地痞，却一口咬定自己目睹了作案过程。

原告证人福尔逊的证词

1844年10月18日夜晚11点多，月明如镜。我在市郊一垛草堆东边，亲眼看见被告在草垛西边约30米处，行凶杀人。此时，月光正照在被告脸上，因此，我看见了作案的全过程。

在法庭上，按照惯例，林肯向证人进行法庭调查。他问证人："你能肯定当时的时间和地点吗？"福尔逊回答："完全肯定。案发后，我回到家时，看了日历和钟表，确实是18日夜间11点多。"

林肯转过身，面向公众，提高了嗓音："证人一口咬定10月18日夜间11点多，在月光下看到了被告的脸。但大家注意，10月18日那天是上弦月，夜间11点，月亮 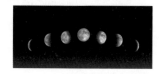 应该快要落下去了，哪里还有明亮的月光？即使还有最后一点月光，那时月亮在西方天空，月光只能从西面照过来，躲在草垛东面的证人是无法看清被告面孔的。所以，此案的证词是编造的！"

听众席上爆发出雷鸣般的掌声。最后，阿姆斯特朗无罪释放，福尔逊因作伪证，成了阶下囚。这个案件成为用科学事实举证的经典案例，让人们知道法律审判也要用科学来评判。

科学小百科

上弦月出现在前半夜的西边天空，它的"脸"是朝西的，即西半边亮；下弦月出现在后半夜的东边天空，它的"脸"是朝东的，即东半边亮。

星际来客"奥陌陌"

科学史快报

2017年10月19日，在夏威夷，天文学家用地面望远镜发现了一个不寻常的天体。它正从天琴座方向冲进太阳系，不仅飞行角度异常刁钻，而且速度远超太阳系的小天体——7分钟就能绕地球一圈！

难道是一颗古老的彗星？一时间，整个地球的望远镜都对准了它，大家发现这个像雪茄一样的天体没有尾巴，它应该不是彗星，而是一颗来自其他星系的形状不规则的小行星。它从太阳系外飞进太阳系，现在正准备飞出太阳系。

这是人类观测到的太阳系外来访的第一位客人，人们为它取了个昵称——"奥陌陌"（Oumuamua），意思是"第一位来自远方的使者"。

很快，天文学家发现，"奥陌陌"飞离太阳的速度比预期要大。在排除了其他可能后，科学家得出结论：当"奥陌陌"接近太阳时，表面受热，冰冷的内核融化，释放出气体并向外喷射，从而给自身提供了助推力——这正是彗星的特征！

这一发现将人们拉回了最初的观点，也许，它就是一颗彗星。没有尾巴应该是气体排放率很小，释放的碎片太少，以至于观测不到。

时至今日，在"奥陌陌"身上还存在许多未解之谜，人们将会通过太空望远镜继续跟踪。或许，有关它的结论会再一次被推翻，而这正是科学的魅力所在。

有人脑洞大开，认为"奥陌陌"是艘外星人的飞船

窥见太阳的秘密

1859年夏天，德国一个小镇发生大火。远在16千米外的海德堡大学里，德国物理学家基尔霍夫与化学家本生一时兴起，用分光镜分析远处的火光，竟然辨认出两种元素特有的亮线！

科学小百科

将复色光经过棱镜、光栅分光后，被色散开的单色光会按波长（或频率）大小依次排列，我们将这种图案称为光谱。不同的元素燃烧时会产生不同的颜色，对应着不同的亮线图案，这就是它特有的光谱。

几天后，他们去外面散步，聊起了用分光镜分析火光的结果。突然，基尔霍夫停下脚步，瞄了一眼天上的太阳，对本生说："本生，我一定是疯了！"基尔霍夫想，既然他们可以分析出16千米外燃烧的物质，或许也可以分析阳光，得知太阳的成分！不过，这点子太疯狂了！没想到本生会心一笑，他也有同样的念头！

他们马上动手实验，结果发现太阳光谱中的许多条暗线——夫琅和费线，正好对应一些已知元素的亮线，包括氢、钠、铁、钙、镍。基尔霍夫认为，当阳光穿过太阳大气层时，被这些元素吸收了特定的波长，所以才呈现暗线。

1859年10月20日，基尔霍夫向柏林科学院报告：经过对太阳光谱的考察，他们发现太阳中有氢、钠、铁、钙、镍等元素。这个新发现立即轰动了科学界，人们得以窥见太阳的化学组成。从此，光谱分析成为化学家重要的检测手段，也成为物理学界、天文学界开展科学研究的重要武器。

Li^+ Na^+ K^+ Ca^{2+}

延伸阅读
3月6日 太阳也有"条形码"
9月1日 太阳一日游

电灯来了

19世纪初，人们发明了电灯泡，但这些灯泡要么寿命很短，要么成本很高，实用性实在不高。看到这种情况，爱迪生暗下决心，一定要为千家万户发明一种灯光柔和的实用型电灯。

他开始选择灯丝材料的实验，和助手不分白天黑夜地连续工作，先后试验了上千种材料，甚至连头发、胡须都试过了，仍未找到理想的灯丝材料。

面对一次次失败，爱迪生毫不气馁。他从煤油灯罩上的烟灰中受到启发，将棉丝碳化变成灯丝。在将灯泡中的空气抽走后，接通电源，灯泡发出了金黄色的光。

他们紧张地等待着，看它到底能亮多久。1小时，2小时，这盏灯足足亮了45小时！这是人类第一盏有实用价值的电灯。

这一天就是1879年10月21日，后来被人们定为电灯发明日。

爱迪生并没有被胜利冲昏头脑："45小时还是太短了，必须把它的寿命延长到几百小时、几千小时！"他又继续实验，最后选用碳化的竹丝，将电灯寿命延长到1200小时，从此，人类迎来了光辉夺目的电灯照明新时代。

这种竹丝灯泡一直使用了几十年。后来，人们才用钨丝作灯丝。

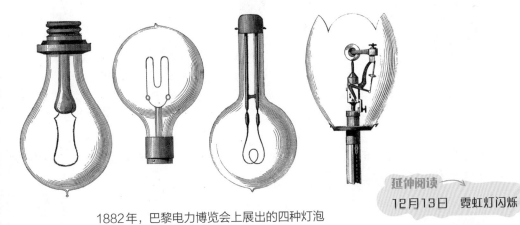

1882年，巴黎电力博览会上展出的四种灯泡

延伸阅读
12月13日　霓虹灯闪烁

机器人三原则

你心目中的机器人长什么样子？是软萌可爱，还是阴险狡诈？你也许在电视中看到过这样的画面：机器人疯狂地屠杀人类，见一个杀一个，最后它们主宰了这个世界。不过，现实生活中的机器人可没有这么可怕，尽管它工作的时候，你在它周围瞎溜达会有危险，但它们肯定不会把人类都杀死。

目前的机器人通常被设计成专门从事一项工作，比如从事火星探险、制作咖啡等，所以现在大多数机器人看起来并不像人类。

科学小百科

大多数机器人研究专家都赞同以下定义：

机器人：一种能够采用与人类相似的方式完成任务的机器。

不过，按照这个定义，一些比较简单的机器有时也可以被称作机器人。这可真让人头疼！

1941年10月22日，科幻作家阿西莫夫完成了一篇短篇科幻故事，为了让故事中的机器人更加符合实际，也为了避免书中出现更多的伤害事件，他在书中制定了一套机器人规则——机器人三原则，他规定机器人必须做到：

1. 不可伤害人类。

2. 必须服从人类的命令，除非此命令是要求它伤害人类。

3. 必须保护自己，但违背人类命令或伤害人类的自我保护除外。

现在，随着人工智能的发展，机器变得越来越智能，地球人也在2017年制定了机器人三原则的升级版——阿西洛马人工智能原则。

延伸阅读
3月9日　世纪人机大战

四色猜想

亲爱的弟弟：

我仔细研究发现，给一幅地图着色时，要想使相邻的国家和地区有不同的颜色，只需用四种颜色就够了！然而我证明不了，请你用数学方法来证明这个问题。

哥哥

正在上大学的弟弟被难住了，于是他去请教自己的老师——数学家摩根。摩根也不能证明这个问题，但同时他也不能推翻这个结论。于是他在10月份发布了这条消息：

公开征答

我的学生提出了这样一个问题，为什么无论多么复杂的地图，都可以仅用四种颜色，就能将相邻的国家或地区分开？请大家在数学上予以证明。

摩根

1852年10月23日

这个问题被称为"四色猜想"。许多数学家被这样一个看似简单的问题所吸引，他们采用了各种方法，试图证明这个问题，但都没能成功。

直到1976年，美国数学家阿贝尔和哈肯利用电子计算机，编写了一个严密的计算程序，计算机用了1200小时，作了100亿次判断，终于完成了四色猜想的证明，轰动了世界。这也是人类第一次运用计算机证明著名的数学猜想，由此开辟了一个全新的研究领域。

科学小百科

费马大定理、哥德巴赫猜想、四色猜想被称为世界近代三大数学难题。这三大难题的共同点就是问题简单易懂，但内涵深邃无比，影响了一代又一代数学家。

延伸阅读
6月23日 破解费马大定理

可怜的小生灵

尊敬的英国皇家学会：

你们一定不会相信，我看到的小动物，它们小得不可思议，即使把一百个这些小动物撑开摆在一起，也不会超过一颗粗沙粒的长度；如果这是真的，那么一百万个这些小生物也够不上一颗粗沙粒的体积！

列文虎克

这封信来自荷兰科学家列文虎克，他出生于1632年10月24日，是17世纪最杰出的显微镜专家。他制作了当时最好的显微镜，并将其用于观察日常物质。他在一滴水中发现了"可怜的小生灵"——不停游动的微小生物，在牙缝的小颗粒中也发现了活着的小生物，还有青蛙内脏中的小生物……

看来世界充满了生命，而且比以前想象的更多！

一个新的世界被打开了。一如伽利略用望远镜扩大了人们对天空和宇宙的认识，列文虎克用显微镜让人们观察到了梦幻般的微观新宇宙，看到了人类以前从未看到过的生物，改变了人们对自然的认识。

列文虎克成为第一个看见微生物的人，他的发现颠覆了当时的认知。他被选为英国皇家学会会员，该学会是当时世界上最有权威的科学团体之一。

科学家速写

一次，一位记者到列文虎克的实验室采访他："先生，您成功的秘诀是什么？"列文虎克伸出因长期磨制镜片而满是老茧和裂纹的双手，回答说："这就是！"

虽然被选为英国皇家学会会员，但他并未因为各种荣誉而有所改变，直到1723年去世前，仍在积极观察。

列文虎克

延伸阅读
4月7日　巴斯德的瓶子

着陆金星

1975年10月25日，苏联的"金星10号"着陆器成功降落金星。继3天前"金星9号"降落之后，这是第二个成功降落金星并传回图像的探测器。下面，让我们一起去探索一下金星吧。

金星

★ 金星太热了！你一定很奇怪金星为什么这么热，它比离太阳最近的水星还要热。原来，金星大气中含有大量的二氧化碳，这些二氧化碳会吸收来自太阳的热量，而不释放出这些热量。这是金星上的"温室效应"！科学家说，如果地球大气中的二氧化碳含量不断增长，地球也许会变得像金星一样热！

★ 金星绕太阳公转一周要225个地球日，而自转一周却要243个地球日！在金星上，看完一次日出后，大约要再等117个地球日才能看到下次日出。

★ 相对于太阳系其他行星来说，金星是倒着自转的。这意味着，在金星上，你会看到太阳从西边升起，从东边落下。简直太奇怪了！

★ 金星上的大气压强超级大，约是地球大气压的90倍！如果金星上有生物，那么它一定得有很强的气压承受能力才能存活！

延伸阅读
6月4日 倒霉的科学家让蒂

地质之光

　　李四光是我国著名的地质学家，出生于1889年10月26日。他从小勤奋好学，13岁时便以优异的成绩考上省城的高等学校。

　　李四光离开家乡，坐船去省城上学，途中他看到外国列强的军舰在长江里横冲直撞，激起的大浪掀翻了中国的小木船。他非常气愤，发誓一定要学会造船，造出大军舰，把这些侵略者赶出长江，赶出中国！

　　后来，李四光以优异的学习成绩被保送去日本，学习造船工业。为了找到更多造船所用的矿石及燃料，他又去英国学习采矿。在学习两年后，李四光想到造船、造机器都需要铁矿、燃料等资源，中国地大物博，矿藏一定很丰富，可这些资源全都埋在地下，不易发掘。因此，最重要的是要先找到地下的铁矿、煤矿、石油等资源，而要掌握打开这地下宝库的钥匙，就得学地质学，最后他确定以地质学研究为终身事业。

　　李四光最终成为一名地质学家，为中国的地质事业做出了卓越的贡献。正是他，打破了"中国贫油论"的错误论断，为中国人找到大油田打下了理论基础。在他的考察和研究指导下，中国陆续发现了大庆油田、胜利油田等资源矿藏。

科学家速写

　　李四光可喜欢石头啦，他总是随身带着一把小锤子和一面放大镜，不管走到哪里，看到石头，就用小锤子敲一敲，举起放大镜看一看。据说，他只要看一看石头的颜色，掂一掂石头的质量，就能大致知道这块石头附近的地质情况。

延伸阅读
9月21日　中国航空之父

10月27日

为理想而献身

如果你"穿越"到16世纪的欧洲，你一定会被自己的博学烧昏头脑。那个时候，人们甚至不知道为什么受伤了会流血，血液为什么是红色的，以及血液是怎样流动的。

不过，如果你想把自己知道的知识分享给当时的欧洲人，那么你可能会遭到教会的迫害，教会自有关于这些的一套理论，你会因为一系列"异端邪说"被判处"异端罪"。你的结局肯定不会比第一个提出肺循环的科学家塞尔维特强多少。来看一下最后见到他的人，也就是行刑者对他的印象吧。

行刑者日记

1553年10月27日

上午11时，一个囚犯从狱中被提出来，他胡须蓬乱，全身肮脏，脸色灰暗，只能用膝盖缓缓地艰难前行。他叫塞尔维特，听说是一位医生。我大声问他："是否发誓放弃自己的教义，以获得比较温和的处决方案？"

塞尔维特又一次拒绝了，果断地准备为自己的信念忍受一切，慷慨赴死。

这还真是一个固执的疯子！

他被吊到火刑柱上，在日内瓦鲜花广场被活活烧死，一同被焚毁的，还有他的著作。据说，里面除了他的异端邪说——不承认"三位一体"外，还有他通过实验得出的肺循环的结论。

塞尔维特

不过，一切都挡不住科学的脚步。60多年后，在人们大量积累的科学事实的基础上，英国人哈维揭开了血液循环之谜，并用实验演示了血液循环的具体过程。

延伸阅读
3月10日 组织学之父

"死云"灾难

在美国宾夕法尼亚州一个叫达诺拉的小城，有一个"雾博物馆"，博物馆的大门上，挂着一块巨大的牌子，上面写着：净化空气，从这里开始！

事情发生在1948年10月28日这天，一场毒雾突然袭击达诺拉。空气中到处都是躲不开、散不尽的黄色毒气。不少人开始咳嗽、打喷嚏、流眼泪，很快人们感到胸闷、呼吸急促。渐渐地，一些人支持不住开始倒下，接着有人死去。小城陷入一片慌乱。

浓密的大雾整整笼罩了这个小城4天，直到一场雨的降临，大雾才逐渐散去。但仅仅这4天，就造成20人死亡，引发7000多人不同程度的呼吸道疾病，800多头家畜相继死去，方圆近1平方千米的植被受到严重污染，草木和农产品全部枯死。

毒雾事故调查报告

经过调查，我们发现这次事故的元凶是两种有害气体：氟化氢和二氧化硫，来自两座为钢板和钢索镀锌的工厂。平时工厂排出的有害气体，被高空气流吹散，这次事故发生时，恰好遇到了极端天气，毒气积压在临近地面的气流表层，与空气中的水汽结合，产生淡黄色的刺鼻酸雾，这些"死云"造成了这次灾难。

这次灾难使人意识到，缓慢的环境污染有可能在短时间内爆发严重的后果，并造成重大伤亡事故，从此，人们开始了净化空气的行动。

延伸阅读
11月6日　大沼泽之母

可以上网啦

1969年10月29日，美国加州大学，年轻的研究生克莱恩早早守在计算机旁，在导师的注视下，在键盘上敲下一个字母L。

然后，他打电话询问500多千米外的斯坦福研究所，那头有人正守着与他们联网的一台计算机，"收到L了！"他们回答。

紧接着，克莱恩又敲下字母O，对方也收到了。不过，敲下字母G时，对方的电脑系统崩溃了。

"LO"就成为互联网传送的第一条消息。这一天，最早的网络——阿帕网正式启用，这是一个军用网络，当时网络上一共才四台计算机！

20世纪70年代，阿帕网发展成了几十个计算机网络，但是每个计算机网络只能自己内部通信，不同计算机网络间不能互通。为此，研究人员开始研究将这些网络互连，形成真正的"互联网"。

现在，阿帕网已经变成了国际互联网，将全球近百个国家的数万个电脑网络连在一起，对人类的生活产生了巨大的影响：你只要在计算机前轻点鼠标，万里之外的友人便可以瞬间收到你的电子邮件。

随着移动通信技术的发展，我们又通过手机，步入了移动互联网时代……

延伸阅读
3月12日 万维网和改变世界的人

59

世纪大论战

和诺贝尔一样，比利时实业家索尔维也将财富捐出，资助召开世界最高水平学术会议——索尔维会议。

1911年10月30日，第一届索尔维会议在比利时首都布鲁塞尔开幕，以普朗克、爱因斯坦为代表的物理学界殿堂级人物都来了，他们面对面地交流自己对辐射理论和量子理论的看法。

这届会议是世界上首次国际性物理学会议，它让世人看到了国际性学术讨论会的科学价值，于是，索尔维创建了一个基金组织，决定每三年举办一次索尔维会议。

索尔维

其中，1927年的第五届索尔维会议最让人津津乐道，出席人员有29人，这些人不是德高望重的大师，就是备受瞩目的新星，17人已是或将是诺贝尔奖得主，这次合影简直是科学史上的全明星团队！

这次会议成了量子理论阵营内的大辩论，激烈的辩论很快成了爱因斯坦与玻尔之间的"决斗"。这场辩论在三年后的第六届索尔维会议上战火再续，玻尔获得胜利，他所代表的哥本哈根学派因此获得大多数物理学家的认同，他们对量子理论的解释也被奉为正统解释。这场辩论就是著名的"爱因斯坦—玻尔论战"，有人称这场辩论为物理学史上的巅峰对决。

就这样，在挑战与回应中激荡出的思辨，加速了科学的发展。

第五届索尔维会议合影

延伸阅读
7月12日　两位科学家的友谊

李政道讲《西游记》

10月31日

1957年10月31日，瑞典皇家科学院宣布，科学家李政道和杨振宁获得当年的诺贝尔物理学奖。在诺贝尔奖授奖晚宴上，很多瑞典大学生参加。学生们觉得李政道和他们年龄差不多，于是点名要他讲话。31岁的李政道就讲了《西游记》里的一个故事：

孙悟空觉得自己神通广大，把天兵天将都打败了，想自己当玉皇大帝。玉皇大帝向如来佛祖求救。如来佛祖告诉孙悟空，当玉皇大帝要有一定的资格。他张开手，对孙悟空说："你要当玉皇大帝，就要能跳进我的手掌，再跳出去。"

孙悟空想，自己翻一个筋斗能走十万八千里，跳出他的手掌实在太容易了！但是孙悟空落在如来佛祖的手心里，怎么都翻不出去！

李政道接着说："在探索知识的过程中，我们可能取得很快的进步，但我们必须记住，即使到了如来佛祖手指的底部，我们离绝对真理还很远很远。我们以有限的人类智慧去认识无限的宇宙奥秘，是一个永不终止的过程。"

科学小百科

20世纪40年代中后期，著名的天文学家钱德拉塞卡常常驾车数百千米，到芝加哥大学去授课，但他授课的这个班，只有两名学生：李政道和杨振宁！就是这个班的全体学生，获得了1957年的诺贝尔物理学奖！他们合作推翻了"宇称守恒定律"，被认为是物理学上的里程碑之一。

延伸阅读
1月11日　隐士与科学忠仆

向南极点进发

1911年11月1日，经过一段时间的休整后，英国探险家斯科特带领探险队向南极点进发。他的目标是成为第一个到达南极点的人！不过，他有一个竞争者：挪威人阿蒙森。

情况对斯科特小队有些不利，队伍中一些人得了雪盲症，另一些人四肢冻伤。此外，带的马全部都死了，他们只能自己拖着雪橇走！

斯科特的日记

1912年1月16日

今天，我们出发得比平时更早，大家热情高涨地行走在荒无人迹的白色雪原上，因为很快就要到南极点了！

可是突然之间，我们看到了雪地上有一个小小的黑点，不安笼罩了我们。

走近发现，果然，阿蒙森在这里扎营过，我们不会是第一批到达南极点的人了！这太让人绝望了。

1月18日，斯科特和他的四名伙伴到达南极点。他们在那里发现了对手阿蒙森留下的，飘扬着挪威国旗的帐篷。阿蒙森比他们早到了三十几天，他留下了一封信，等待后来者带给挪威国王。

斯科特勇敢地接受了这项任务：在世人面前为另一个人完成的事业作证，而这一事业却正是自己所热烈追求的。

斯科特小队

不幸的是，回程的路上，寒冷天气提前到来，斯科特小队全部遇难。不过，他们勇敢、顽强的精神和悲壮的英雄事迹，在南极探险史上留下了光辉的一页。为了纪念他们，美国把1957年建在南极点的科学考察站命名为阿蒙森—斯科特站。

延伸阅读
12月30日 南极，中国人来了

电脑病毒大作战

1988年11月2日，莫里斯来到麻省理工学院，他决定在这儿释放一种"蠕虫病毒"，不过，他可不是要毁灭人类的大恶人，这种病毒对人体无效，是用来攻击电脑的——确切地说，是为了测算美国网络的规模，印证网络防火墙存在漏洞。

不过，莫里斯低估了自己程序的杀伤力，"蠕虫病毒"以远超预期的速度感染电脑。许多电脑要么崩坏，要么处在高危状态。这下事情玩大了！

莫里斯意识到事态严重，赶紧在网站上发帖，给出清除病毒的方法。但由于网络不畅，这个帖子很晚才发出去。而"蠕虫病毒"如同迅速蔓延的传染病，造成6200台计算机瘫痪。短短12小时内，造成了6000万美元的经济损失，政府、科研机构的大量重要数据一夜之间被毁。

之后，莫里斯被判刑3年，罚款1万美元，还被责令进行400小时的社区服务，成为历史上第一个因为制造计算机病毒受到法律惩罚的人！

电脑病毒给人们带来极大的危害。面对电脑病毒的猖獗，人们用各种方法防御，比如安装杀毒软件、防火墙，对文件进行备份……

科学小百科

1989年10月13日，荷兰全国10万台计算机突然失灵。同一天，欧洲、亚洲数以百万计的计算机也同时瘫痪，这是一种电脑病毒在作怪。这种病毒的释放时间是13号，同时又正好是星期五，因此被称为"黑色星期五"。

找不到的星星

在利用万有引力定律发现海王星之后，科学家发现，还有一颗行星的运动十分异常。这就是离太阳最近的行星——水星。

科学家们观测到，水星每绕太阳一圈，其最接近太阳的一点（即近日点）就要改变。它的运行轨迹有点"斜"，形成花瓣的样子。通过计算，近日点的改变幅度要超过牛顿运动学的计算值！

这是怎么回事？是不是像海王星的发现一样，尚有一颗未被发现的行星，影响了水星的运转？

科学家推测，它存在于水星和太阳之间，而且温度特别高，于是将其命名为火神星。

一时间，人们争先恐后地把天文望远镜指向太阳的方向，大家都想成为第一个找到这颗新行星的人。听说，不少人还因此被阳光灼伤了眼睛！

可是不管大家怎么努力，没有一个人能找到。这颗星星，究竟在哪儿呢？

直到后来，爱因斯坦给出了答案。他通过自己解释世界的理论——广义相对论指出，出问题的不是水星的运行轨道，而是牛顿的理论，那颗找不到的火神星，根本就不存在！

科学小百科

1973年11月3日，人类第一颗飞向水星的探测器——"水手10号"发射升空。它让人们得以一窥水星的真面目。

水星

延伸阅读
11月25日 广义相对论的N种打开方式

11月4日

取胜的策略

冯·诺依曼是美籍匈牙利数学家，他热情好客，一到周末家里必定宾朋满座。朋友们在一起会玩扑克牌游戏，不过这可不是冯·诺依曼的强项，他经常会输。但在扑克牌游戏中，他获得了灵感。

冯·诺依曼发现，扑克牌游戏不仅涉及概率论的问题，还要运用策略。他开始研究"取胜的策略"，一个重要的数学分支——博弈论诞生了。

1928年，冯·诺依曼发表了第一篇博弈论文章，第一次对博弈做出了完整的数学描述，这篇文章宣告了博弈论的诞生。1944年11月4日，他与摩根斯坦合写的《博弈论与经济行为》，将博弈论与经济学联系起来。

博弈论告诉我们还有"双赢"或"双输"的情形，打开了我们的眼界。现在，冯·诺依曼创立的博弈论，已成为研究经济学非常重要的工具。

科学家荣誉殿堂

从20世纪至今，谁是最伟大的数学家？大多数人可能会毫不犹豫地把票投给冯·诺依曼。他被称为"计算机之父"，提出了世界上第一个通用存储程序计算机的设计方案，计算机的基本框架、程序内存、软件设计等思想，均来自他。他创立了博弈论，与摩根斯坦合著的《博弈论与经济行为》被视为博弈论的奠基之作。他也是"曼哈顿计划"中最重要的科学家之一。

小时候的冯·诺依曼

延伸阅读

1月27日 囚徒困境

将导管插入心脏

1929年，24岁的福斯曼还是一位助理医生，一天上午，在给病人导尿后，他看着手里的导尿管，突发奇想：既然能把它插入膀胱，那能不能把它顺着血管插入心脏做检查呢？

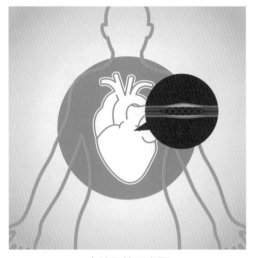

心脏导管示意图

这个想法把他自己吓了一跳。那时，心脏被视为禁区，是碰不得的，但这个想法太诱人了，福斯曼决定在自己身上做实验。

在一名手术室护士的帮助下，他冒着生命危险，把导管深深插入自己的血管达60厘米。带着插入心脏的导管，他上了两层楼梯，来到放射科，拍下了一张胸部的X光片。

1929年11月5日，福斯曼将这张X光片配上实验报告发表出来，这张X光片向世界展示了首例人体心脏导管的影像，但遭到许多人的指责。一些医学权威讽刺福斯曼的实验是"马戏场上的技艺"，还有一些人甚至把福斯曼看成疯子！

不过，两位美国医生重复了他的实验，又经过20多年的临床实践，将心导管技术运用于检查心脏、测量心脏中心静脉血流压力等方面。在积累了大量的经验后，这项诊断技术最终得到了推广。他们三人共同获得了1956年的诺贝尔生理学或医学奖。

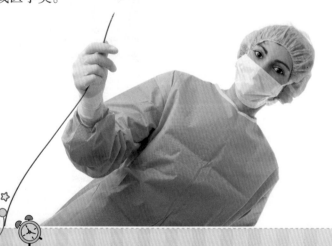

延伸阅读
12月4日 首例心脏移植

11月6日

大沼泽之母

1919年，《迈阿密先驱报》的记者道格拉斯，勘察了美国佛罗里达州南部的大沼泽地。尽管大沼泽地"虫子太多、太潮湿，非常不宜居"，但道格拉斯看到了这里的重要价值，认为这是一个难得的巨大生态系统，她把它称作"绿草之河"。

大沼泽地

20世纪30年代开始，大沼泽地遭到疯狂的开发，不但周边的土地被开垦成农田，附近的水流还被截断了来修建运河。甚至为了扩建城市，人们将原来的河流改道……

结果水没蓄成，反而造成南涝北旱，动植物失去了赖以生存的家园，食物链遭到破坏，先是鱼类、水鸟、水草消失，接着，树岛、丘陵也随之消失。

看到这一切，道格拉斯再也坐不住了。1947年11月6日，她出版了著作《大沼泽地：绿草之河》，并联合有识之士为这片沼泽地奔走，让更多的人意识到，这片大沼泽不是一片待开垦的蛮荒之地，而是应该保护的自然天堂，是人类生存所必需的"地球之肾"。

在她的努力下，1947年，美国政府决定创建"大沼泽地国家湿地公园"，开始执行对大沼泽地的保护措施。在之后的岁月中，道格拉斯持续为生态保护不懈努力，直到1998年她108岁去世为止。她的付出为她赢得了"大沼泽之母"的盛名。

湿地公园中的鳄鱼

延伸阅读
9月26日 生物圈二号

67

断桥惊魂

塔科马大桥是一座悬索斜拉桥，于1940年7月通车，是当时美国第三大斜拉桥。这座桥整体结构完美、设计周密、施工精良，号称坚固无比，人们很快发现了它的好玩之处。

户外活动大挑战

想不想体验一下新开通的塔科马大桥？这座桥很有个性，它喜欢轻微摇摆，尤其是当摩托车快速驶过时，桥不止左右晃动，还能上下颠簸！快来酷玩一下吧！

人们给这座大桥起了个绰号，叫"爱跳舞的格蒂"。但这让桥梁专家们感到了不安，因为风越大，"格蒂"的舞就跳得越厉害，这会不会造成不可挽回的后果？

果然，大桥刚刚建成4个多月，"格蒂"就发疯了！

1940年11月7日那天，风特别大，塔科马大桥先是发疯似的晃动，接着从中间断裂开来。正在桥上开车的一位司机见证了这座桥被摧毁的瞬间——他逃了出来，而他的汽车和小猎犬，最终掉落到了海湾里。

事故调查报告

这次事故的肇事者是风！当风吹动桥面时，形成一系列涡旋，就像风吹动旗子一样，使桥面发生抖动。接下来又发生了共振……

这次坍塌对科学界、工程界产生了巨大影响，成了所有工程学科教学中都绕不开的经典案例。人们认识到空气涡旋等效应的重要性，由此开创了建筑风动力学、空气动力学等的研究，自此，建筑设计模型的风洞实验被重视起来。

新修的塔科马大桥

延伸阅读 →
5月13日　弗朗西斯大坝之灾

伦琴发现X射线

伦琴的日记

1895年11月8日

今天发生的事太奇怪了。

早上，我来到实验室，继续做阴极射线管实验。我用锡纸和硬纸板把实验器材包裹得严严实实，确定不透光后，把灯熄灭。就在这时，我发现射线管对面的一块荧光屏发出了荧光！另一个发现更让我惊奇，附近的一块感光底版居然变黑了！这块底板被包裹得严严实实，光根本不可能透进去，到底是什么让它变黑的呢？

伦琴根据观察到的现象推测，是阴极射线管发射出了一种未知的射线。接下来的几小时，伦琴一遍又一遍地重复着实验。他在阴极射线管和荧光屏之间插入他能找到的一切不透光的东西，书本、橡胶板、木板……直到最后，他在实验室的一角翻出来一块铅板，总算把这个让他感到"毛骨悚然"的东西挡住了。

因为实在不知道这是什么东西，所以伦琴就把它称作"X射线"。最令他震撼的是，当他拿着一小块纸板时，纸板上竟出现了他手骨的影像！

伦琴

伦琴在1895年年底公布了这个新发现，并附上他妻子戴着戒指的左手的X光照片，这立刻震惊了全世界。很快，人们发明了X光机，这种机器很快成为医学上不可或缺的检查器械。1901年，伦琴获得了首届诺贝尔物理学奖，成为世界上获此殊荣的第一人。

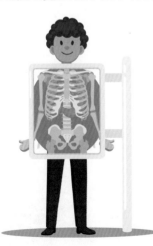

延伸阅读
3月1日 发现放射性

暗淡蓝点

"旅行者1号"飞船里面有一张金唱片，收录了不同民族的问候语与音乐、大自然和动物的声音，以及生命图像与地球的位置信息。1977年，"旅行者1号"从地球出发，飞行在繁星之中，等待有朝一日将我们曾经存在的信息传递给另外一个宇宙文明。

这样的信还有三封，分别搭乘"旅行者2号""先驱者10号"与"先驱者11号"，往不同方向的太空深处飞去。

这些计划的促成者，是出生于1934年11月9日的美国天文学家卡尔·萨根。他深信我们并不孤单，亿万颗星球之中，

暗淡蓝点（圈出的是地球）

必定还有其他文明。在萨根的提议下，正在冥王星轨道外飞行，距离我们64亿千米的"旅行者1号"飞船，在1990年2月转过镜头，最后望了一眼它的故乡，并拍下一张著名的照片。萨根给它取名叫"暗淡蓝点"。

卡尔·萨根和"海盗号"火星着陆器模型

萨根有20多部著作，发表了超过600篇科学论文与科普文章。他以饱满的热情向大众分享宇宙的神奇，再加上他特有的人文关怀与表述魅力，使他成为美国近代最重要的科普工作者之一。

延伸阅读
3月2日　角逐最遥远人造物体

11月10日　捣蛋鬼——电脑病毒出世

1971年，为了测试网络，一位程序员写了一个程序，"偷袭"了另外一台电脑，在其屏幕上赫然留下：

我是偷窥者，有本事来抓我！

另外一位程序员被"偷袭"后不甘示弱，编写了"收割者"程序，找到"偷窥者"，并将其删除。

这次简单的交锋，更像是君子过招，止乎于礼。这种"捣蛋程序"似乎也只是博人一笑而已，直到十多年后，一位美国年轻人看到了它的隐患。

1983年11月10日，在一个电脑安全研讨会上，刚刚拿到博士学位的科恩展示了自己的程序，这个程序在5分钟之内取得了另一台电脑的控制权。

科恩告诉大家这种小程序叫"电脑病毒"，它就像病毒一样感染电脑，并复制自己，散布到其他电脑，听起来，就像电脑"中了病毒"！这种电脑病毒可以绕过当时的各种安全机制，成功取得电脑的控制权。

这是大家第一次目睹电脑病毒的强大威力与潜在威胁，"电脑病毒"也成为这类程序的统称。随着计算机和网络的发展，电脑病毒也越来越猖狂，危险性也越来越高。

科学家速写

科恩被公认为计算机病毒之父。他证明了计算机病毒实现的可能性，给出了计算机病毒的第一个学术定义，这也是今天公认的标准。

发现病毒！

延伸阅读
11月2日　电脑病毒大作战

天空观察者

在望远镜发明之前，最伟大的天文观测家是一个具有传奇色彩的怪人，他是丹麦人，名字叫第谷。

14岁那年，第谷亲眼看到了日食，从那时开始，他就走上了观察星空的人生道路，以前所未有的热忱，精确和细心地记录天空。

第谷的雕像

1572年11月11日，第谷有了一个重要的发现，他发现了一颗新出现的星星，这是一颗爆炸后形成的垂暮恒星，我们现在称为超新星。在前后16个月的观测中，他把这颗星星的颜色、亮度等变化都做了详细的记录。后来这颗超新星就以第谷的名字命名——第谷星。

第谷是一位勤奋而杰出的天空观察者，他用自己制造的大型精密天文仪器，持续不断地进行了几十年的观测，积累了大量观测资料。他所做的天文观测精度之高，让他同时代的人望尘莫及。

位于丹麦哥本哈根的第谷天文馆

1600年，第谷和开普勒相遇了。依靠第谷精确而丰富的天文数据库，开普勒提出了行星运行的规律——开普勒三大定律。

科学家速写

第谷是一个大腹便便的人，整日坐在高高的观察台上，形象不佳，脾气暴躁。你知道吗？他的鼻子是金属做的！据说，他18岁时，和一位数学家发生争执，决斗中鼻子被对方的剑削掉了一块，后来，他用一块合金材料补了上去。

延伸阅读
5月18日　为天空"立法"

登陆彗星

2004年，一艘探测飞船"罗塞塔号"发射升空。乘坐这艘飞船的是一个名叫"菲莱"的小型着陆器，它们的目标，是登上一颗名叫67P的彗星！

经过10年的漫长飞行，"罗塞塔号"终于追上了这颗彗星，并看清楚了它的样子：它长得像"鸭子"，看起来就像是两个巨大的冰坨合在了一起。它的表面极度不平，难以降落。几经周折，科

"罗塞塔号"飞船载着"菲莱"接近彗星

学家在"鸭子"头部找到一个合适的着陆地点。

2014年11月12日，着陆的关键时刻到了。"菲莱"弹出飞船，缓缓降落。然而，就在这时，意外发生了，"菲莱"底部的抓握装置未能顺利启动，落到彗星表面后，它抓不住地面，被弹了起来！最终，它跌到一处山崖下。

这儿没有阳光！后果是，"菲莱"难以借助太阳能发电，它只能依赖自身携带的蓄电池了！事不宜迟，它抓紧时间展开科学探测工作。它成功地在彗星表面发现了有机物质，并拍摄了珍贵的彗星地表图像。

大约两天之后，电池耗尽，"菲莱"陷入了沉睡。不过，科学家很乐观，他们知道，随着彗星逐渐靠近太阳，"菲莱"将有望晒到太阳，苏醒过来。

2015年7月，他们的想法得到了印证。飞船接收到了来自"菲莱"的微弱信号。但由于"菲莱"所在的位置太差了，它仍然未能得到足够的电力。在那以后，"菲莱"便陷入了永久的沉睡。

"菲莱"——人类首个彗星着陆器

延伸阅读
10月19日 星际来客"奥陌陌"

从海底连通世界

海底电缆

19世纪三四十年代，欧洲与美国各地纷纷沿着已有的铁路，在城市间架设发送电报的线路。陆上的电报网迅速成形，但对海洋，人们一筹莫展。

1850年8月，人们进行了最初的尝试，一条电线穿越英吉利海峡，到达对岸。不过这条电线是一般的漆包线，人们完全没有进行外壳保护，没过几天，这条电线就损坏了。

1851年11月13日，世界上第一条海底电缆终于铺设完成，它穿越英吉利海峡，将英国与法国连接起来。路透社立刻将总部由德国搬到英国伦敦。他们最初卖的可不是新闻，而是商业信息！

两年后，更多海底电缆建成，从英国通往爱尔兰、比利时与荷兰。

不过，铺设横越大西洋的洲际电缆则困难很多。1858年，人们尝试铺设了一条越洋海底电缆，但不到一个月就损坏了。直到1866年，人们才克服技术问题，成功铺设了连接欧洲与美洲的电缆。从此，电流载着电报信号，以光速沟通欧美两大洲。而在这之前，信息从纽约到伦敦，至少需要两周！

最初，海底电缆是为了发送电报。随着技术的进步，海底电缆让地球两端的人可以通国际电话，而到了现在，它被海底光缆替换，各种各样的资讯经由海底光缆串起世界各个角落。

海底电缆检查船

延伸阅读
6月2日　电话机来啦
7月7日　让光无法逃出

您好，欢迎收听天气预报

1854年11月14日，克里米亚战争战事正酣。英法联军准备在黑海的一处港口登陆。但是，可怕的暴风雨来临了。顷刻间，黑海上狂风大作，巨浪滔天。在暴风雨的侵袭下，英法联军不战自溃，几乎全军覆没。

法国皇帝命令巴黎天文台台长勒维耶调查这次风暴，很快，他就呈交了调查报告。

尊敬的皇帝陛下：

接到您的命令，我立即给各国气象学家写信，收集11月12～16日风暴发生前后各地的气象资料。

我把这些资料绘制到一张地图上，发现了一件令人惊讶的事情：这次袭击联军的黑海风暴是从欧洲西北部移来的，它以一定速度向东南方向运动。

如果事先绘制了这张"天气图"，那么这次风暴完全可以躲过去！所以，我提议建立一个气象观测网，预测可能发生的天气情况，然后通知前线。

勒维耶

这就是最早的"天气预报"构想。1856年，法国组建了第一个现代天气服务系统，用电报传送各地当日的气象观测结果，开展天气预报服务。1875年，伦敦《泰晤士报》开创了报纸刊登天气预报的先例。

延伸阅读
4月2日 把气象站搬到太空中去

越来越小的计算机

你知道吗？第一台通用计算机"埃尼阿克"的身体非常非常大，而且很耗电，但我们现在的个人计算机，也就是电脑看起来小巧多了，你知道它是怎么变小的吗？

计算机进化史

1946年，人类首部通用电子计算机"埃尼阿克"问世，它是一个重约27吨、占地面积超过150平方米的庞然大物！它肚子里装有约18000只电子管。

1947年，贝尔实验室发明了晶体管，用来代替又大又耗电的电子管。晶体管的大小只有电子管的十分之一，甚至是百分之一。

1958年，美国人基尔比研制出世界上第一块集成电路。他将电路中所需的晶体管、电容和电阻等电子元件集成在一小块晶片上，计算机进一步缩小。

1971年11月15日，美国英特尔公司发布4004微处理器，首次将一台可编程计算机的关键元件集成在一块芯片上，称为中央处理器（CPU）。一年后，世界上第一台个人使用的电脑问世。

4004微处理器是一件划时代的作品，集成了2250个晶体管，每秒运算6万次，成本还不到100美元。这引发了一场科技革命，自那时起，昂贵庞大的计算机逐渐演变成适合个人使用的电脑，慢慢走进我们的生活。

4004微处理器

科学小百科

当进行大范围天气预测、宇宙大爆炸模拟等工作时，你平时用的普通计算机就没法胜任了，这时就到超级计算机出场的时候了！虽然在基本组成和组件上，两者相差不多，但超级计算机的计算速度快太多了。6次蝉联"全球超算500强"冠军的中国超级计算机"天河二号"，每秒大约可以计算4亿亿次。人们估算，它运算1小时，相当于13亿人同时用计算器计算1000年！当然，它的体积比"埃尼阿克"还要庞大。

延伸阅读

8月12日　年度最佳机器
9月30日　制造一个宇宙

给外星人写信

有些科学家认为，考虑到宇宙的年龄和有极大数量的行星，宇宙中应该存在其他的智慧生命。他们在哪儿呢？就用我们这个星球上最强大的天线，给他们写封信吧！

1974年11月16日，人类利用当时世界最强大的射电望远镜——位于波多黎各岛的阿雷西博射电望远镜，向太空发送了一个强大的信号，告诉他们：我们在这里！

宇宙信件大揭秘

这封宇宙信件称为阿雷西博信息。它使用二进制编码0和1编制，携带着有关地球与人类的基本信息。

收信地址是2.5万光年外的一个球状星团，那里存在着数百万颗恒星，它们的周围或许存在着无数的行星世界。或许那儿会有掌握了无线电通信技术的先进智慧文明，他们也许将接收到地球人发出的信号，破译它的含义，并回复地球人。

这是"阿雷西博信息"解码后排列的图像，你能破译吗？

不过，这封信抵达接收者那里，需要约2.5万年的时间，假如他们回信，回程又要2.5万年左右，所以，你就不用急着等回信啦！

科学小百科

阿雷西博射电望远镜直径达350米，曾经是世界上最大的单口径射电望远镜。这个世界纪录在2016年被中国打破，中国在贵州建造了口径500米的射电望远镜！

延伸阅读
5月4日 写信给800多万年后的人类

只有一面

动动手：制作奇妙的莫比乌斯环

取一张长纸条，将一端旋转180°，再首尾相接，粘在一起。这样，你就得到了一个莫比乌斯环。

这就是出生于1790年11月17日的德国数学家莫比乌斯发现的只有一面的圆环。下面，我们就来一起探究一下这个圆环的巧妙性质吧！

莫比乌斯环

只有一个面

从莫比乌斯环上任意一点沿着曲面向前涂颜色，最终都会回到原点，而且各处都会涂满同一个颜色。所以，它只有一个面！

只有一条边

用手指贴着莫比乌斯环的一条边滑动，你会发现，你的手指可以流畅无阻地经过所有边缘，最后回到起点。也就是说，它只有这一条边！

沿中线剪开

一个变两个

沿着莫比乌斯环的中线剪开，你会得到长度变成原来的两倍，但扭转两次的环。如果将这个环再沿中线剪开呢？这次会得到两个彼此相扣的环！

再沿中线剪开

如果沿着三分之一处剪开呢？你可以试一下！

因为莫比乌斯环的这些奇妙性质，它出现在很多科幻小说、电视、电影中，成为许多艺术家的灵感来源。在现实生活中，也曾有公司把传送带设计成莫比乌斯环的形状，延长了传送带的使用寿命。

科学小百科

莫比乌斯环循环往复的几何特征，蕴含着永恒、无限的意义，常被用于各类标志设计。比如回收标志。

咔嚓，来照相啦

现在，你只需要随手按下快门，"咔嚓"一下，就可以得到一张照片。但你知道吗？在1827年，法国发明家尼埃普斯拍下人类史上第一张照片时，足足花了8小时！他拍的是工作室外的鸽子棚，从上午一直拍到黄昏，这个时间太久了，即使在那时也不实用！

后来，出生于1787年11月18日的达盖尔，终于找到了合适的感光材料，将拍摄时间缩至10分钟以内。1839年8月，他在法国科学院与艺术学院的联席会议上，展示了他的发明。从此以后，达盖尔就被人们当成了摄影术的发明人。

虽然当时被拍摄者还要一动不动地坐好几分钟，但是比起8小时，时间可是大大缩短了。摄影开始流行起来，各地纷纷出现照相馆，留下了许多那个时代的影像。

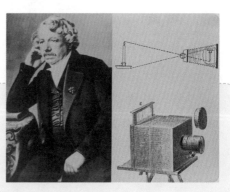

科学小百科

达盖尔在铜版上涂上一层碘化银，曝光后用水银蒸汽显影，最后用食盐溶液定影，晾干即可。他的这种方法称为银版摄影法，也叫"达盖尔法"。

不过这种摄影方法每次只能拍摄一张照片，且材料非常昂贵。随着摄影技术的进步，平价的胶卷、彩色照片相继诞生。2000年以后，数码相机更是逐步取代了以胶卷作为感光介质的传统相机，对，就是你手机中的那种！

延伸阅读
12月28日　看电影喽

好学的罗蒙诺索夫

罗蒙诺索夫是俄罗斯最伟大的科学家，他出生于1711年11月19日，是一位"百科全书"式的全才。

他的父亲是一位渔民，有一天，父子俩在海上捕鱼，忽然，狂风袭来，海上掀起了滔天巨浪，帆篷被吹落了，情况十分危急。

罗蒙诺索夫拼命爬上桅杆，很快把吹落的帆篷扎牢了，渔船恢复了平稳。

狂风过后，父亲把他拉到身边，笑眯眯地说："孩子，我要奖赏你的勇敢，给你买件皮上衣怎么样？"

罗蒙诺索夫摇了摇头。

"那你要什么呢？"

"我只要一本书，一本什么知识都有的书，其他东西都不要。"

"难道一件名贵的皮上衣还比不上一本书吗？"

"爸爸，书可以告诉我，天上的星星为什么不会掉下来？为什么黑夜过去就是黎明？……"

莫斯科罗蒙诺索夫国立大学，简称"莫斯科大学"

父亲听了，惊奇地睁大了眼睛。

后来，罗蒙诺索夫凭着刻苦好学的精神，努力学习，认真研究，成为了俄国科学院第一位俄国籍院士。

科学家速写

罗蒙诺索夫学识渊博，既是机械专家、化学家、矿物学家，又是历史学家、修辞学家、艺术家和诗人。他被公认为俄国唯物主义哲学和自然科学的奠基者，人们尊称他为"科学史上的彼得大帝"，俄罗斯著名诗人普希金把他比作"俄罗斯的第一所大学"。

海岸线有多长

你知道英国的海岸线有多长吗？你也许会觉得，这还不简单，直接测量一下不就行了！可是，出生于1924年11月20日的美国科学家曼德博，1967年发表在《科学》杂志上的论文中，得出的结论却令人惊异：英国的海岸线长度是不确定的，这依赖于测量时使用的尺度！

如果我们用一把很大的尺子测量，就会忽略海岸线上很多小的拐弯，测量结果比较小。假如我们让一只蚂蚁爬过英国的海岸线，它就会发现很多人看不到的细小的拐弯，测量结果会比较大。

所以，如果把尺子无限缩小，长度就会无限延长。这个问题开启了一个全新的数学分支——分形。

科学小百科

奇妙的分形

将一个等边三角形的各边三等分，在每条边的中间一段向外画等边三角形；对得到的三角形重复刚刚的做法……我们就得到了科赫雪花。

像这样，不断地把一个图案分成和原图案形状相同的小图案，再把这些小图案分成形状相同的更小图案，就是绘制分形的过程。分形图案具有自相似性，即图形的局部和整体相似。

分形随处可见。树枝看起来像小型的树，西兰花的小簇看起来像一棵小小的西兰花……现在，人们通过计算机程序就能很容易地创建分形图案。

延伸阅读
1月29日　蝴蝶效应

乘热气球飞行

你玩过孔明灯吗？据说，三国时期，诸葛亮为了传递军事信号发明了孔明灯。这可以看作最早的热气球。不过，它可载不动你！

时间滑到1500多年后。

巴黎时报

1783年11月21日

今天，两名乘客首次乘坐热气球，飞上了蓝天！他们两人，一位是军官，另外一位是化学老师。旅程持续了大约25分钟，一共飞行了8.8千米左右，穿越了整个巴黎城。人类终于实现了飞天的梦想！

这款热气球是法国的孟格菲兄弟设计的。最早，他们在火炉上晾衣服时，发现衣服不断鼓起并且翻腾向上，便在心中埋下了制作热气球的念头。

1782年，他们用木条编了一个大篮子，贴上绸缎，在底部点火，篮子便冉冉上升到天花板。热气球制作成功了！

他们继续加大这个装置的体积，并将上面鼓起部分的形状改为球状。他们成功地将两个会议室那么大的热气球升上2000米的高空。

下面，就要开始尝试载人了！其实，最早的乘客是一只羊、一只公鸡和一只鸭子，它们被吊在热气球下方的笼子里。最终，热气球载着它们飞到了大约500米高的地方，飞行了3千米。三名"乘客"安然无恙，只有公鸡的翅膀受了一点损伤，因为它在笼子里被受惊的山羊踢了一脚！受这次飞行的鼓励，之后人类成功飞上了蓝天。

科学小百科

热气球会飞上天，是因为它肚子里的热空气的密度比周围大气小，不过，孟格菲兄弟可不知道这个原理！

延伸阅读
5月6日 飞艇时代的终结
12月17日 飞机来啦

测一下光速有多快

我们知道，光跑得特别快，它一秒可以绕地球七圈半！不过17世纪的科学家可不知道，他们认为光速无限大，宇宙中恒星的光都是瞬间到达地球的。伽利略对此观点提出质疑，他决定测量光的速度——用测量声速的方法。

伽利略的日记

1638年

这是一个漆黑的夜晚，我和朋友每人手里拿一个装有快速起闭遮光罩的灯，我爬上一座山，朋友爬上3千米外的另一座山。

我们约定，我一到达山顶，就对着朋友的山头，打开灯的遮光罩，开始计时。按照计划，朋友看到灯光后立即举起手中的灯，打开遮光罩，对我发出灯光信号。我看到朋友的灯发出的光后，就停止计时。

可是，当我们爬上山峰，打开灯的遮光罩时，我们发现，我们俩的光信号似乎是同一时刻发出的。光跑得太快了，这样根本不可能测出来！

不过，伽利略虽然没有测出光的速度，但他发现了木星的四颗卫星。丹麦科学家罗默把这四颗卫星当成自己的实验对象，整整观察了9年。1676年11月22日，他向巴黎科学院送去利用木卫一被木星掩食现象测定光速的报告，用翔实的观测数据和无可辩驳的逻辑证明了光速有限。从此，光速有限还是无限的争论画上了句号，整个物理学界都认同了光速是有限的。

1972年，科学家利用先进的激光干涉法，测出现在人们定义的光速值——299792458米/秒。不过，我们不需要记住这个具体数字，我们只需要记住光速约等于30万千米/秒就可以了！

延伸阅读
7月7日 让光无法逃出

飞檐走壁有"神功"

你是不是很疑惑，为什么壁虎可以飞檐走壁，在天花板上也不会掉下来？它甚至在光滑的玻璃上也能游走自如！是靠大气压吗？还是靠黏液？

都不是！它是被"毛"挂住的！壁虎每只脚有5个脚趾，每个脚趾上都长满了刷子状的褶，科学家通过电子显微镜发现，这些

壁虎的脚趾

褶由数十万根刚毛组成，每根刚毛末端又有上百条纤毛。让壁虎练就飞檐走壁"神功"的，正是这数亿根纤毛与墙壁之间的"范德华力"。

范德华力又称分子间作用力，是分子彼此极为接近时产生的吸引力，在分子之间普遍存在。两个分子间的范德华力特别微弱，不过数亿个分子同时作用时，这个力量就不容小觑了。

范德华力是以荷兰科学家范德华的名字命名的，他出生于1837年11月23日。因为家境贫穷，他小学毕业后只能上专门培养小学教师的学校，19岁时成为一名小学教师。

范德华

虽然他想继续进修，但因为不曾学过希腊文与拉丁文，所以无法进入大学，只能旁听。很多年后，这个规定被废除，范德华才得以进入大学就读。

1873年，也就是他36岁那年，范德华完成了博士论文，在论文中他提出了分子间的作用力，这种作用力之后被称为范德华力。1910年，他因对气体和液体状态方程的研究获得了诺贝尔物理学奖。

延伸阅读
2月16日 听不到的声响

11月24日

远航南太平洋

1642年10月，荷兰人阿贝尔·塔斯曼率领两艘船，从非洲的毛里求斯启航。他们的目的地，是探险家口中的"新荷兰"（现在的澳大利亚）一带。由于路途遥远，他们做了充分的准备，船上带的食品足够他们吃一年半！

塔斯曼的探险日记

1642年11月24日

出发已经一个多月了，我们从西向东横渡印度洋，到达南海（现在的南太平洋）。今天，我们在南海遇到了第一片陆地，它位于"新荷兰"的南部，任何欧洲国家都对它一无所知。我们将它命名为"范·迪门之地"，以纪念我们英明的主人范·迪门，是他派我们来进行这次发现之旅的。

新西兰阿贝尔·塔斯曼国家公园的海湾风光

200多年后，为了纪念这位伟大的探险家，人们将该岛改名为"塔斯马尼亚"。接下来的航行中，塔斯曼率领船队陆续发现了新西兰，以及汤加群岛、斐济群岛、所罗门群岛中的一些岛屿，他们在所罗门群岛的"友好诸岛"上，用钉子跟土著交换了椰子！

科学家速写

塔斯曼是荷兰最伟大的地理发现者和航海家之一，他在探险中没有海盗行径，对土著比较友善，因此成了颇为值得纪念和研究的历史人物。今天，南太平洋有很多地方以他的名字命名，如澳大利亚的塔斯马尼亚岛和塔斯马尼亚州、新西兰的阿尔贝·塔斯曼国家公园等。

85

广义相对论的N种打开方式

1915年11月25日，爱因斯坦提交了论文《引力场方程》，提出了新的宇宙观：所谓的引力，是因为地球把我们周围的时空弯曲了，而苹果落地，就是因为它要顺着弯曲的空间运动。至此，广义相对论诞生了。下面来看看广义相对论相关的推论吧！

时间晚点

如果一个地方的引力极大，那里的时间几乎是停滞不前的，比如黑洞边上，那儿的1秒，也许相当于我们这儿的100年、1000年，甚至10000年！

引力红移

如果从质量庞大的星球上发出一束蓝光，我们会看到光渐渐变成红色！

引力透镜

当背景光源发出的光在星系、星系团或黑洞附近经过时，光线会像通过透镜一样发生弯曲。你看，图中几个天体其实是同一个！

引力波

引力怎么传递？牛顿认为引力是一种瞬时作用，根本不需要时间。但爱因斯坦认为，引力作用和电磁作用类似，以波动的形式向外传播，速度和光速一样。这就是引力波。

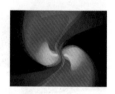

认识世界的各种版本

如果说牛顿运动定律是解释这个世界的1.0版本，那爱因斯坦的狭义相对论就是牛顿运动定律的升级版，是2.0版本，广义相对论就是3.0版本。

就像我们电脑上的操作系统一样，也许你现在用的是新的系统软件，但它并没有将旧的推翻，旧的操作系统仍然可以使用。相对论也一样，它是适用范围更广、计算更复杂的理论。而在低速条件下，相对论就没有牛顿定律方便易算了。

延伸阅读
5月29日　时空是弯曲的

"好奇号"火星探险记

火星作为太阳系内最像地球的天体，一直以来都吸引着地球人的目光。2011年11月26日，"好奇号"离开地球，前往火星。

飞行近9个月后，"好奇号"到达火星，在盖尔陨坑中心山脉的山脚下成功登陆。

"好奇号"的自白

我可不是那种只会卖萌的机器人，人们叫我"火星车"，我有六个轮子，和轿车差不多大。我还有个大名，叫"火星科学实验室"。这次科学家派我来火星，任务可重啦，我要重点探索火星是否存在适宜生命存在的环境，为将来航天员登陆火星做准备。

在我之前，我的两位双胞胎哥哥"机遇号""勇气号"先后登陆了火星，不过，我觉得和他们比，我更厉害。我携带的探测设备，数量比他俩多得多，性能也更先进。而且，我是核动力的！

从现在起，我就要兼任地球驻火星的小记者，将我的所见所闻发给地球上的你们，欢迎关注哦！

"好奇号"不知疲倦地在火星上巡游，它拍摄了"日偏食"、火星的"古河床"，还发现了水的存在！它每隔20秒到30秒便拍摄一张照片，为研究者提供了非常宝贵的资料。

随着前往火星的探测器越来越多，我们得知越来越多火星的消息，或许某一天，下一位登上火星的小伙伴不再是机器人，而是我们人类了！

科学小百科

火星地表为富含赤铁矿的沙丘、砾石所覆盖，且有大的尘暴发生，所以从地球上看，火星是红色的。

延伸阅读 →

7月25日 火星"人脸"事件

诺贝尔的遗嘱

1895年11月27日，瑞典杰出的化学家、实业家诺贝尔在巴黎亲笔写下遗嘱，清楚写下他死后财产的处理方式：

遗 嘱

我，签名人阿尔弗雷德·贝恩哈德·诺贝尔，经过郑重考虑后，特此宣布，下文是关于处理我死后所留下的财产分配方式：

将一部分财产赠予我的亲友与仆人（大约5%），剩余财产兑换成现金，进行安全可靠的投资。用这些资金成立一个基金会，将资金所产生的利息每年奖给在前一年中为人类做出杰出贡献的人。具体分配如下……

这是我唯一有效的遗嘱。在我死后，若发现以前任何财产处置的遗嘱，一概作废。

在遗嘱执行人的努力下，1898年，瑞典国王宣布诺贝尔的遗嘱生效。1901年12月10日，即诺贝尔逝世5周年纪念日，首次颁发了诺贝尔奖。

100多年来，诺贝尔的高瞻远瞩已经得到了证明——诺贝尔奖的设立不仅使瑞典成为世界的焦点，还推动了人类的进步。

科学小百科

诺贝尔奖最初分设物理、化学、生理学或医学、文学、和平5个奖项。1968年，瑞典国家银行捐出资金给诺贝尔基金，增设了"瑞典国家银行纪念诺贝尔经济科学奖"，人们现在常称这个奖项为诺贝尔经济学奖。诺贝尔曾写道："作为一条规矩，我喜欢为活人的肚皮帮忙，而不愿为死人的纪念碑出力。"基于他的这种思想，诺贝尔奖必须颁发给活着的人。

延伸阅读
12月10日　史上最著名的失败实验
9月5日　数学界的"诺贝尔奖"

勿轻信人言

1660年11月28日，由几位著名科学家发起，经过英国国王的批准，"促进数学—物理实验知识学院"成立了，1663年，这个社团更名为"英国伦敦皇家自然知识促进会"，简称"英国皇家学会"。

欢迎加入英国皇家学会！

这是英国科学界的"最高殿堂"，我们渴望通过理性、逻辑和实验来了解世界。

首先，你需要在700名候选人中脱颖而出；其次，你需要至少6名正式会员的推荐才可入会！还等什么呢？快来展现你的实力吧！

许多著名科学家都曾是这个学会的会员，如胡克、牛顿、法拉第、麦克斯韦、霍金等。它对英国乃至整个世界科学技术的进步，有着不可磨灭的影响力，在世界科技的发展中，有着举足轻重的地位。

英国皇家学会在成立时提出的座右铭"勿轻信人言"，表达了不轻信权威、重视实证的立场——如未亲自实践，不要轻易相信任何事物。

这体现了科学的精神：任何一个真理或科学结论都要经过反复的检验。一个理论要成为可靠的定理，只有能提出它的可检验预测，并反复被实验所验证，才有可能称为科学。

科学小百科

1665年，英国皇家学会创立了自己的出版物《哲学会刊》，这是人类史上最早的定期科学出版物，直到现在仍在出版。

延伸阅读
4月27日 史上最著名的两朵乌云

多普勒效应

当救护车从你身边呼啸而过时，你会发现，救护车驶来的声音又尖又高，而离去的声音变得低沉。这就是声波的多普勒效应。

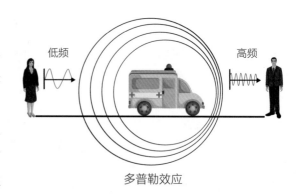

低频   高频

多普勒效应

1803年11月29日，多普勒出生于奥地利。1842年的一天，他带着女儿在铁路边散步，一列火车从远处驶来，他注意到，火车驶来时汽笛尖声刺耳，但就在身边呼啸而过的那一刹那后，汽笛声变得低沉了。

这个平常的现象引起了他的思考。他从声波想到光波，思绪又到了太空。利用这一效应，他破解了困惑天文学家多年的一个奇特现象：双星的颜色会发生周期性变化。

论双星和其他星体的颜色

当光源朝观察者运动时，光波被压缩，频率变高，因此光波朝蓝色方向移动；
当光源远离观察者时，光波被拉长，频率变低，因此光波朝红色方向移动；
所以我们看到的星星颜色会发生变化。同时，借助频谱分析，就可以得知远处星体的运动方向和速度。

多普勒效应为我们打开了一扇窗，随着科技的发展，它在卫星定位、医学诊断、气象雷达、测速等诸多领域有着广泛的应用。

科学真有趣：谈谈多普勒效应

找一条僻静且笔直的马路，请小伙伴站在路上吹哨子，并尽可能使哨声均匀地保持一段时间。这时，赶紧骑自行车飞快地从小伙伴身边经过！注意聆听这个过程中小伙伴哨声的变化，说说你听到的哨声是怎么变化的。

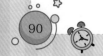

薛定谔的猫

这不是薛定谔养的猫，而是一个思想实验的主角。还记得思想实验吗？思想实验，就是用想象力进行的实验，所做的都是现实中无法进行的实验。

思想实验——薛定谔的猫

实验地点：你的大脑

想象将一只猫放在一个密室里，并在密室里放一个毒气瓶。毒气瓶上有一个锤子，由一个电子开关控制，电子开关则由放射性原子控制。

如果原子核发生衰变，则触动电子开关，锤子落下，从而砸碎毒气瓶，释放出毒气，杀死密室里的猫。如果原子核不发生衰变，猫就能活下来。

看到这，你肯定会说，这只猫死定了。可是根据量子力学理论，这只猫却生死未卜！

只要我们不打开密室，密室里的放射性原子就处在"衰变"和"没有衰变"的叠加态，也就是说，这只猫就处于死猫和活猫的叠加态。这只既死又活的猫就是"薛定谔的猫"，是奥地利著名的物理学家薛定谔在1935年11月30日提出的。但是，不可能存在既死又活的猫，想要知道猫的命运，必须打开密室才行！

看到这儿，你是不是很困惑？一切正如玻尔所言："谁要是第一次听到量子理论时不感到困惑，那他一定没听懂。"

薛定谔

延伸阅读
1月18日 "墨子号"与量子通信

A400
2012